环境艺术手绘设计与表现

主 编 吴彪 吴智勇

副主编 万彧吉 张丹萍 周 丁

高小勇 张 锦 文 静

西南交通大学出版社

·成 都·

图书在版编目（ＣＩＰ）数据

环境艺术手绘设计与表现 / 吴彪，吴智勇主编. —
成都：西南交通大学出版社，2014.8
ISBN 978-7-5643-3351-5

Ⅰ．①环… Ⅱ．①吴… ②吴… Ⅲ．①环境设计－绘
画技法－高等学校－教材 Ⅳ．①TU-856

中国版本图书馆 CIP 数据核字（2014）第 196714 号

环境艺术手绘设计与表现

主编 吴 彪 吴智勇

责 任 编 辑	吴明建
封 面 设 计	何东琳设计工作室
出 版 发 行	西南交通大学出版社
	（四川省成都市金牛区交大路 146 号）
发行部电话	028-87600564　028-87600533
邮 政 编 码	610031
网　　　址	http://www.xnjdcbs.com
印　　　刷	四川省印刷制版中心有限公司
成 品 尺 寸	185 mm × 260 mm
印　　　张	8
字　　　数	198 千字
版　　　次	2014 年 8 月第 1 版
印　　　次	2014 年 8 月第 1 次
书　　　号	ISBN 978-7-5643-3351-5
定　　　价	40.00 元

前　言

　　环境艺术设计专业教育已经从规模化发展转变为以提升培养质量为目标的内涵式发展，培养适应社会经济发展和行业岗位需求的环境艺术设计人才成为该专业教学改革的目标。环境艺术手绘设计与表现能力在行业的发展过程中更加凸显出其重要性，设计师们对手绘的认识日趋完善和深刻，环境艺术设计专业教学也将手绘作为该专业的专业基础课程向学生开设。

　　在传统的环境艺术设计专业的手绘表现课程教学中，只关注如何表现画面效果的技巧，而忽略了手绘在设计过程环节中的本质作用，因而使学生对手绘表现的认识有失偏颇，更多的是重表现轻设计；教师设计该课程教学训练内容就显得单一，教学方式简单，师生达成的课程教学目标发生偏离。基于此，我和同事们产生了编撰此书的想法，希望借此书对学生在手绘设计与表现方法等方面的认知给予正确引导，对探索和完善环境艺术设计专业的手绘设计与表现教学模式起到抛砖引玉的作用。

　　本书在写作过程中吸收了业界同仁的手绘设计工作和教学经验，也对编者自己多年来的手绘课程教学成果加以梳理和提炼，提出将手绘设计、表现能力提升与知识的职业岗位实用性相结合的教学原则。因此，本书内容编撰主要突出手绘设计审美基础、手绘设计造型表现、手绘设计创意三大核心知识的掌握和能力的提升。通过本书指导，由浅入深、系统地完成手绘设计与表现知识学习，提高手绘在环境艺术专业工程项目设计中的应用能力，达到环境艺术手绘设计与表现课程教学目标。

　　本书在编写过程中得到了环境艺术设计专业教育一线教师、学生和企业界专家们的参与，得到了重庆文理学院教学部的关心和支持，在此，一并表示真诚的谢意。由于作者的设计实践经验和写作水平有限，难免会有偏颇和纰漏，希望大家提出宝贵意见。

吴　彪

2014 年 7 月

目　录

第三单元　手绘设计与表现应用

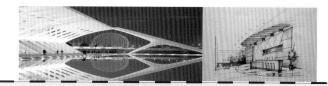

概　述

　　手绘设计与表现能力是环境艺术设计师的岗位基础能力，它与电脑表现、实物模型制作表现等一样，都是环境艺术设计和表现的主要方法和手段。一个优秀的环境艺术设计作品往往需要通过多种表现方式予以分析推敲，才能逐步走向完美。随着业界对环境艺术设计方法论认知的不断完善，大家对手绘有了新的认识，特别是手绘以它独有的快速启迪思维的特点和强烈的艺术魅力，被广大设计师们所吸纳与运用。近年来，无论是设计公司招贤纳士，高校环境艺术专业研究生招生考试，都通过对手绘能力的考核来判定应试者的综合素质。因此，环境艺术专业的手绘教学越来越被重视。

　　画好手绘、提升手绘技能的方法是当下业界的热点话题，对手绘学习方法的讨论也可以说是仁者见仁、智者见智。这样的状况，是不是就说明没有学好手绘的规律了呢？其实，通过对手绘本质作用的准确认知就可以找到答案，它是有规律可循的。

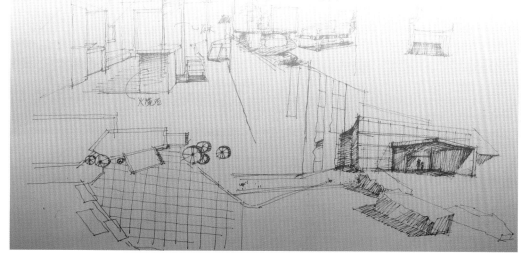

一、基本概念

手绘的本质作用不是单纯为表现设计结果而画，它是辅助设计师开展设计的有效方法和手段。从这个意义上讲，手绘应该与设计思维发生关系，手绘内容应该表现设计师的设计、创意思维过程和结果。手绘表现设计师的创意思维过程，主要通过手绘设计草图实现；而手绘表现设计师的创意结果，主要是通过效果图来展示。

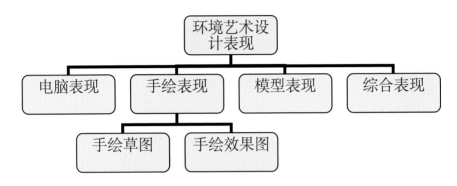

图1 环境艺术手绘设计与表现知识结构图

因此，学习手绘不是单一学习手绘效果图表现技法，还要加强手绘如何表达设计师创意思维过程的方法学习，这样才能真正发挥手绘作为辅助设计思维和表现设计结果的方法作用。

环境艺术手绘设计

设计师通过手绘图示方法展开环境艺术设计的构思、深化与表达的过程。

环境艺术手绘表现

是指设计师通过手绘图形式展现环境艺术整体或某一环节设计结果的方式或手段，即把设计的意图、预想效果展现在纸质媒介上，迅速而直观地向对方传递、交流设计信息和成果。

环境艺术手绘设计与环境艺术手绘表现是相辅相成，不可分割的。手绘设计过程离不开手绘表现；手绘表现贯穿于手绘设计的整个过程。

环境艺术手绘表现作为设计师主要的工作方式，包含了环境艺术手绘草图和手绘效果图。

手绘草图

手绘草图的工作方式通常运用于环境艺术设计工作的初期，设计师主要用手绘草图收集设计素材或记录自己创作的艺术雏形。如瑞士建筑设计大师柯布西耶在设计朗香教堂时，就是通过手绘草图的工作方式寻找设计灵感。

手绘草图可分为：分析性草图、意向草图。

意向草图

意向草图主要对设计创意瞬间灵感的记录，不要求深入具体。

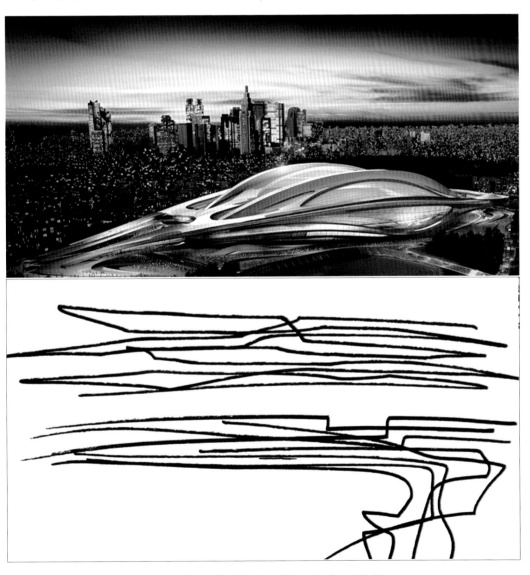

图 2 环境艺术手绘设计意向草图　扎哈·哈迪德

分析性草图

分析性草图主要对设计对象的各要素进行关联性分析，并形成初步预设的形象雏形，其表现方式可以是文字与图形的结合。分析性草图通常用在方案的概念设计阶段，主要对空间的功能、形态等进行元素间的关系性分析，这个阶段不需要设计师精准的造型表现，可以用一些简单的符号代表或辅以文字说明。

意向草图和分析性草图在深入分析阶段，二者也会交替使用。其目的是使概念设计阶段的分析更加深入，为设计的方案形成与表现奠定基础。

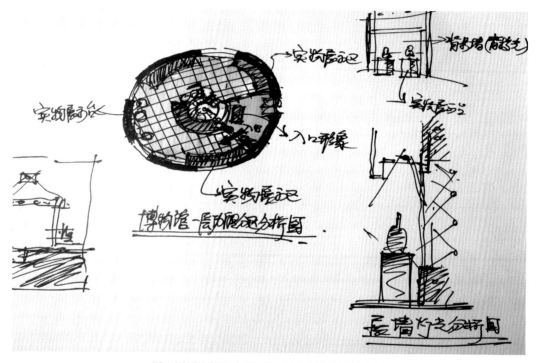

图 3 圆形空间室内平面、立面功能分析性草图

手绘效果图

手绘效果图从传统意义上讲，是通过相对精细的手绘艺术形式表现设计成果的预想图，是在手绘意向草图基础上更进一步的表现，并且在画面中所表现的空间、材质、色彩、空间氛围都很完整。

手绘效果图盛行于19世纪八九十年代。20世纪中后期，计算机虚拟现实技术进一步发展，并广泛应用于环境艺术设计，于是便产生了电脑效果图。电脑效果图以其材质表现的真实性、效果图修改的方便性等优点在一段时间里非常流行。但随着设计师对设计程序和思维特点的认识深入，环境艺术手绘设计与表现以其独有的本质作用于现在的设计工作与实践中，不再仅限于设计成果的表现，而更多地作为设计师独有的图解思维方式，来帮助设计师捕捉设计灵感、深化和优选设计方案。

　　手绘效果图和电脑效果图各有优缺点。手绘效果图在设计表现效果的把握上，可以很灵活地展现设计师的风格，包括画面风格和设计重点。而电脑效果图由于模拟相机视角，设计师在选定角度表现空间内容时对物象取舍的灵活性不强，但电脑效果图模拟的空间光照和材质的真实感又是手绘效果图所不及的。所以，作为设计师的基本技能训练，上述二者均不可偏废。

图 4 室内办公空间手绘效果图

图 5 办公建筑空间电脑效果图

二、环境艺术手绘设计与表现能力培养现状

目前，绝大多数高校的环境艺术设计专业都开设了手绘课程，不少学生通过一段时间的学习，仍然不能在以后的专业设计实践中对手绘运用自如。究其原因，主要有以下几个方面。

第一，对手绘的本质作用认知不准确，师生的教学内容和目标发生偏离。

第二，手绘训练偏重于临摹，对环境空间美感的感知缺乏，并缺少对环境空间设计元素的积累。

第三，手绘课程缺少运用手绘表现设计分析、深化过程的训练，也就是在设计中缺少"由简单到复杂"的推理分析表现方法训练。

第四，学生掌握的手绘表现技法单一、熟练应用能力缺乏。

三、环境艺术手绘设计与表现能力培养

环境艺术设计专业的手绘课程应解决三方面的能力培养，即：审美、技法、应用。审美培养学生能看、会看、是否好看的欣赏辨别能力；技法培养学生准确表现的技术能力；应用来提升学生专业岗位的实践能力。而这三种能力也是环境艺术设计专业手绘课程的教学目标。

根据教学目标，教学内容设计分为三个单元模块：

第一单元，环境艺术手绘设计表现与审美，主要提升设计表现审美认知能力。

第二单元，环境艺术手绘设计与表现技法，主要提升设计表现技术能力。

第三单元，环境艺术手绘设计与表现的项目实践，主要提升设计表现应用能力。

第一单元 手绘设计表现与审美

  手绘设计表现作为通过绘画技术来表现设计的视觉美感的工作方法，自然离不开设计师所具备的良好审美眼界。有了它，才能完成准确的设计审美判断和设计结果的视觉美感呈现。因此，环境艺术手绘设计学习的第一环节理应培养手绘设计与表现的审美方法，即引导设计师学会如何观看空间环境、看空间环境中的什么内容、如何判断画面美感等。

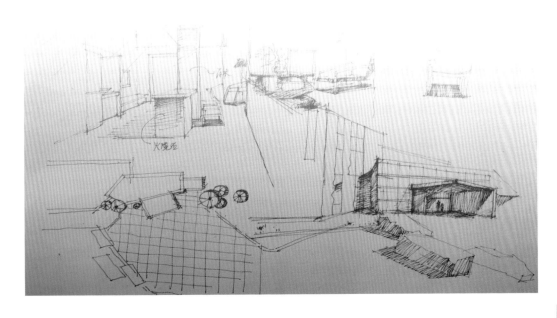

第一章 环境艺术空间美感

环境艺术手绘设计与表现的美感包含所设计的环境空间的艺术美感和手绘图纸的画面美感。也就是说，影响环境艺术手绘设计表现图美感的直接因素就是环境空间的设计水平和表现技法两个方面。而这两个因素又直接受到人的审美水平，即艺术眼界高低的影响。因此，环境艺术手绘设计与表现课程应首先教会学生如何用审美的眼光观看、理解环境艺术空间。

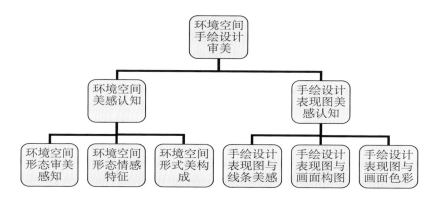

图 6 环境艺术手绘设计与表现审美知识结构图

环境艺术空间美的感知受到物和人两个因素的影响。物是指静态的环境空间实体，其蕴藏着的美感的构成规律是诱发每个人产生审美行为的基础；人是空间环境审美的主体，会因人的个体差异引发对同一空间环境产生不同的美感。因此，掌握环境艺术空间美感的构成规律，对手绘设计与表现具有指导作用。

第一节 环境空间概念

一、环境与空间

环境是指人和自然赖以生存的综合体，包括室内环境和室外环境。

空间是构成环境的基础，空间的舒适性、感染性对人的视觉和心理感觉都会造成很大的影响。以哲学的观点解释空间，它是看不见摸不到的非形态，是虚无的也是无限的，它没有大小和量度。然而从视觉形式的角度分析研究，我们则把空间看作是有形态和有量度的。

在视觉形式设计理论中常提到的"虚实相生"，其中"虚"就是指空间，如：空间形式、空间形态、空间气氛等，是靠人的心理反应才能感知的；"实"是指围合界定空间的元素，如：分割构建空间的界面、色彩、器物等，通常可以通过人的触觉和视觉反应感知。

二、空间与形态

空间形态是构成环境空间形成的终结体现。城市室外空间、公共室内空间、家居室内空间、雕塑单体、家具等等都会呈现出不同的空间形态。形态与形状有本质区别。形态是指物质形状通过恰当编排组合构成的态势或物质形态本身所呈现的运动趋势。空间形态更加强调"势"。

空间形态分为：自然空间形态、几何空间形态；实体空间形态、虚拟空间形态等等。

设计中的空间形态是多数由实体的限定而形成的；但也有诸如光或者人的意向思维产生的空间形态意向。在实体空间中的两个以上的实体界面之间，一定的距离条件下，人的视觉会产生一种张力感。这种感觉，在两个实体界面距离感近的条件下，就会越强，空间形态感也就越强。这往往会给人们带来很多遐想和情感体验。如下图所示。

图7柱子以线状方式连续排列，增加空间进深感；柱子的近距离呼应组合增强了空间高耸感。

图8椭圆的几何形态成为伊拉克女建筑师扎哈·哈迪德设计办公空间的主要创意原点。

图9伊拉克女建筑师扎哈·哈迪德利用曲线形式的空间组合构成建筑饱满扩张的空间形态感。

三、空间与形式

空间形式构成环境空间形态的结构样式，有什么样的空间形态就会有相应的空间形式。

空间形式分为单一形式、复合形式。

空间形式与空间内容是相对统一的概念，它是空间内容的载体。空间内容可以是环境建筑构件、界面围合构件、家具陈设等。这些物件的布局摆放就可构成一定的空间形式，也是可感知的视知觉要素在一定形式目的控制下的组合。凡优秀设计，其空间形式构成必是完善的。由于形式与内容及实用功能的统一，其美感是特定的，这种美感主要来源于形式要素（物件、色彩、材质等）的恰当编排组合，即空间形式要素的组合方式。

图 10 线成为该空间的主要结构形式

图 11 三角形的有序排列成为该环境空间的主要结构形式

四、空间与材料

环境艺术空间给人的感受往往源于空间界面自身的造型，特别是界面所运用的材料。空间材料主要通过材料的图案、纹理、色彩、质感等营造空间的环境气氛，让人们身在其中享受美的陶冶，产生不同的审美体验。

图12 传统与自然材料给人亲切怀旧感

图13 现代材料给人以干净利索感

图14 玻璃材料给人通透开敞感

五、空间与色彩

空间环境的色彩由构成空间的界面、物体等要素的颜色决定。环境艺术空间的色彩是最具有主观意识的表现因素，能支配人的情感反应。当我们在五彩缤纷的大厅里聚会时，丰富的色彩会带来欢乐的气氛。不同的色彩能对人的心理和生理产生不同的影响，冷色系的颜色往往能让人感觉安静，暖色系的颜色往往能让人感觉温暖、心情舒畅，也能活跃空间的气氛。

图 15 高纯度色彩给人以视觉冲击

图 16 适度冷暖对比增强空间趣味

图 17 灰色调给人以 稳重感

六、空间与光影

光是环境空间能被人们感知的必备条件，没有光，空间就会漆黑一片，什么也看不见。光照射到物体上，有的光被物体反射，有的光被物体吸收或穿透，于是会在物体暗部形成阴影。空间中的光影变化增强了空间的立体感。所以，环境空间的手绘图表现离不开光影效果。

图 20 光影增强了空间局部的体积感

图 18 光影丰富了空间界面层次

图 19 光影增强了空间的趣味感

总结：空间形态、色彩、光影、材料质感等是环境艺术手绘设计与表现的主要内容要素。设计师在日常生活中，有目的地仔细观察与环境空间相关要素，不断增强对环境空间要素的敏锐感知能力。

图 21 光影增强了空间的色彩对比

第二节 环境空间艺术构成与审美

具有艺术美感的环境空间从空间形式上分析，通常是由符合视觉、艺术、美学原则的空间元素有序组合而成，展现空间元素的构成规律。面对一个环境空间，许多初学者不知道该用什么方法去审视、把握空间的美感。其实，运用艺术构成学的基本原理可以作为感知环境空间的理性分析依据。

一、构成学与环境空间设计

构成学包括平面构成、色彩构成、立体构成三部分。是将现有自然形态抽象为点、线、面等符号元素，用艺术的审美法则进行归纳和演绎，在二维或三维的空间内，按照一定秩序和法则进行分解、重组，营造新的理想形态的空间和艺术环境。重组构成新的艺术空间形态离不开构成学概括的形式美法则。

构成学的形式美基本法则：统一与变化、节奏与韵律、主体与陪衬等。

1、统一与变化

统一与变化是艺术设计创作的基本法则。好的艺术作品就是通过设计将对象元素进行有序组合，达到统一与变化的平衡。手绘表现就必须抓住体现对象特质的空间元素进行有序组织，形成画面的统一感，用对比的艺术方法创造画面的主次关系和情趣。

图 22 运用空间中线的曲直、长短、传统材料的统一与变化创造视觉美感

2、节奏与韵律

节奏与韵律是艺术设计创作的又一法则。节奏和韵律是相辅相成的关系，它们共同作用形成艺术作品或高低起伏、或平缓舒展的律动感。手绘表现需要关注营造节奏韵律感的空间元素在画面中的布局与排列。

图 23 建筑与天空色彩的对比关系构建出画面的色调节奏韵律美感

图 24 墙面的竖线与天棚顶面形成对比，突出主体墙面效果

3、主体与陪衬

清晰的主次关系是视觉造型艺术的基本原则，主体表达通常承载着设计师的创意精髓，设计师往往通过主体与陪衬的对比处理手法传递设计的价值。主体在环境空间中必定被设计师安排布置为视觉中心，为了有效地突出视觉中心，设计师会采用大小、位置、质感、明暗等对比手法安排空间物体。设计师在手绘表现过程中就必须将空间与物体的视觉属性转换为线条、明暗、色彩等艺术语言，通过疏密对比、色彩强度对比、刻画的详略对比等艺术手法加以表达。

二、运用构成学原理分析环境空间的艺术美感

构成学的基本原理是理解和认知环境空间的有效方法。

第一，从艺术造型角度将实物抽象成基本的形态造型要素（点、线、面），在观察过程中遵循从大到小、分层概括原则，如将围合构成环境空间的大界面抽象概括为面，观察这些抽象面之间的关系（位置、比例、明暗等）；

第二，分析构成大界面所包含的更微观的形态造型要素（点、线、面）之间的关系（位置、比例、明暗等）。

图 25 将空间照片抽象为下图的构成关系

三、课题练习

1、收集点构成特征明显的环境艺术图像资料，分析其点构成中蕴含的形式美法则，并手绘成图。

2、收集线构成特征明显的环境艺术图像资料，分析其线构成中蕴含的形式美法则，并手绘成图。

3、收集面构成特征明显的环境艺术图像资料，分析其面构成中蕴含的形式美法则，并手绘成图。

4、收集环境艺术图像资料，综合分析其空间构成中蕴含的形式美法则，并手绘成图。

第二章 环境艺术手绘设计表现图美感

如何评判手绘设计表现图的美感，一直是手绘初学者感到最棘手的问题。解决好这个问题也就掌握了评价的要素和标准，对提高手绘设计表现能力具有很大促进作用。

手绘设计表现图分为手绘草图和手绘效果图两种表现形式。从手绘画面的构成角度分析，无论哪种表现形式都离不开手绘线条、色彩与构图三个构成要素，当这些要素有机组合在一起，准确完美地表现出环境空间的艺术氛围，形成一幅优美的画面，带给人们愉悦的感受，让人们对环境空间产生认同感。

不同的手绘表现形式在表现构成要素上有不同侧重。手绘草图侧重于以线条为主和色彩为辅的应用；手绘效果图侧重于通过构图突出设计亮点和画面的视觉中心，达到线条、色彩、构图三者的完美融合。

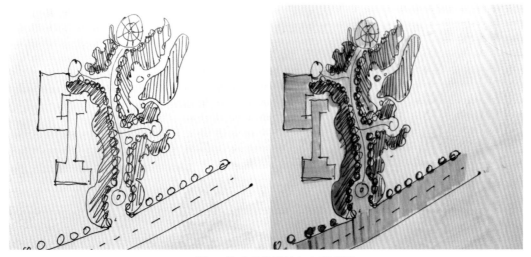

图 26 景观手绘设计与表现草图

图 27 室内空间手绘设计与表现草图

一、手绘设计表现图与线条

线条是手绘设计表现图画面构成的第一要素。线条的围合组织界定了物体的形状、形态特征。如画面无线条，物体的形状就模糊不清，更无形态与空间形式，色彩也无附着载体。

经常有学生为画线条而纠结，有的认为画直线硬朗好看，有的认为画曲线生动美观。其实，手绘表现中无论哪种类型的线条都会运用，因为不同线条会给人带来不同心理感受，同时还会表达出设计师的手绘风格。因此，画哪种类型的线条不重要，重要的是学会不同质感物体的手绘线条表达的控制技巧。

（1）线条是手绘设计画面构成的基本单位，线分为直线、曲线、自由线、乱线等。线条具有极强的表现力，不同类型的线条具有不同的性格特征，不同类型的线条的运用会直接影响画面效果。

（2）手绘效果图画面中的线条除了表现物象的形体结构特征、透视方向外，还表现出如力量、轻松、凝重、飘逸等美感特征的丰富内涵。也可通过线条的运用，将设计师的艺术个性自然地流露在画面上。

（3）手绘设计表现图通过线条的粗细、长短、疏密变化与组织，使画面产生极强表现力，线条力求准确、肯定、有力、流畅，充分表现物体的材质肌理特征。

图28 轻松流畅线条表现出画面的生动感　杨健　绘（图片源于《室内空间块体设计与表现》）

图 29 严谨的用笔表现出手绘效果图的精细感，画面略显紧张

图 30 灵活多样的用笔表现了手绘效果图的精细感和轻松感　叶佳美　绘

二、手绘设计表现图与色彩

空间环境中，色彩千变万化、丰富多彩。色彩本身并无美丑之分，它是通过对比、衬托等手段对色彩进行组合，给人带来审美愉悦感。手绘设计表现图是设计师对空间环境的色彩进行归纳与提炼，运用形式美法则重新组合在画面中，使画面产生形式美感。手绘色彩表现要遵循统一与变化、节奏与韵律、主体与陪衬的形式美基本法则。

（1）手绘设计表现图更强调空间或物体的固有色和画面的整体氛围的表达，适当运用绘画作品环境色的表现手段将更有利于空间环境氛围的表达。

（2）手绘设计表现图应该有明确的色彩基调，也可称为色调或调子，是一种色彩结构或画面给人的整体印象。

从色彩的明暗可以分为亮调、灰调、暗调三大类，每一大类还可以细分。

从色彩的色性基调可以分为冷调和暖调两大类。从色彩的倾向即色相分可以是红调、绿调、黄调等。从色彩的纯度可以分为低纯度色调和鲜艳色调。

（3）手绘设计表现图的色彩表现离不开对工具性能的认知与熟练使用。

"工欲善其事，必先利其器"，手绘设计表现图的表现形式因工具的不同而效果各异。手绘设计表现图为了追求最终画面效果，可以"不择手段"使用各种工具来表现，它与绘画艺术一样是自由、无拘束的。

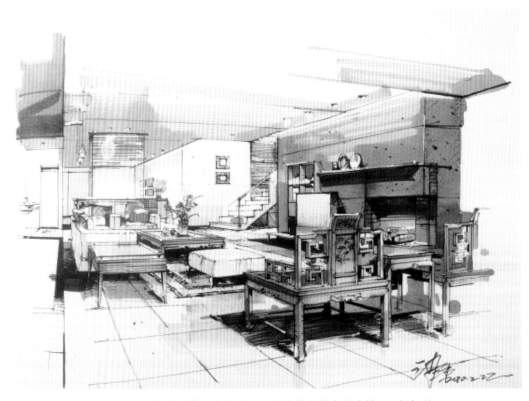

图31 强调空间物体的固有色为主，适当的光影表现为辅　沙沛 绘

图 32 强调空间界面与物体的光影变化 杨健 绘

图 33 强调空间界面的冷暖变化，丰富画面和空间层次感 杨健 绘

□ 尺类

手绘设计表现图带有一定的制作性，有一定的制图标准。尺子按作图需要可分为两类：

一类是直线尺，使用较普遍，是基本的作图工具，如丁字尺、三角板、比例尺、界尺等。

一类是曲线尺，是对曲线及弧线处理时运用较多的工具，如曲线板、蛇行尺、模板等。

□ 笔类

笔是手绘设计表现图的必备工具，选择使用不同的画笔绘制手绘设计表现图，可以形成不同风格。掌握各种画笔的使用性能并能熟练地运用它，是画好一张手绘设计表现图的前提。

画笔要根据画面效果来分类选配、合理使用。需要绘制初期原始的设计方案时，可选择不同型号的铅笔、钢笔、单色中性笔、针管笔等来表现对象；需要精细刻画表现对象时，可选择钢笔与水粉笔等色彩表现工具相组合；要求快速表现时，可选用马克笔、彩色铅笔、色粉笔、单色中性笔等来表现。

□ 辅助工具

其他常用的辅助工具有绘画用工具箱、调色盒、调色盘、胶带纸、胶水、刻纸刀、橡皮、电吹风、喷绘用气泵等。

在众多的手绘设计表现工具中，钢笔或签字笔、马克笔、彩色铅笔等在实际工作中应用最为广泛。

三、手绘设计表现图与构图

环境艺术手绘设计表现图和传统架上绘画艺术一样，呈现在客户面前的是一幅静态图像，追求画面美感表现和环境空间形式的准确表达的融合。

1、手绘设计表现构图首先应根据设计师要表现的空间形态特点和环境元素等要求，选择合适的画幅形式。画幅形式可以分为横式、竖式、方式等。

2、环境艺术手绘设计表现构图与空间设计布局相关联。手绘设计表现构图（这里主要指手绘设计效果图）由三部分组成：远景、中景、近景。中景一般用于布局设计的主体空间或主体物，近景作为画面构成均衡性的调节，远景作为中景主体的背景，与近景一道对主体起衬托作用。在手绘设计表现时，空间的层次感是设计师的主要表现内容，无论是室外建筑景观环境表现还是室内空间环境表现，都应表达出远、中、近三个基本空间层次，在此基础上还可以细分，表现更丰富的空间层次。这也是手绘设计表现图区别于其他绘画艺术形式的主要特征。

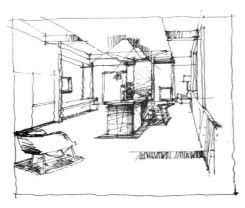

3、手绘设计表现构图，就是经营位置。即将所要表现的环境空间或物体合理地安排在画面上的适当位置，形成视觉中心，使画面既统一又变化，达到视觉心理的平衡。手绘设计表现构图通常受到观看角度、视点高低、空间或物体形态特征等因素制约。画面出现的面积分割不宜对等，形体不应雷同，有变化又要达到视觉平衡的效果。

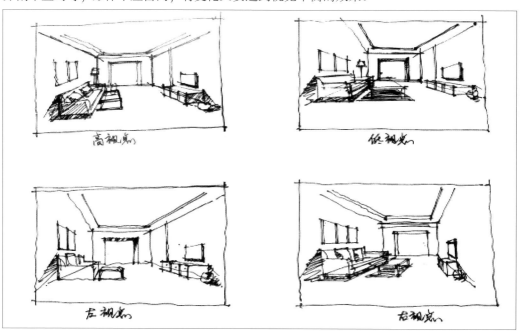

4、手绘设计表现图同其他绘画形式一样需有主次之分，形成画面的视觉中心，达到虚实相生的画面效果。视觉中心的呈现往往是通过对画面进行主观的艺术处理来突出某一区域，如虚实对比、构图诱导、重点刻画，从而将观者的注意力引向构图中心，形成强烈的聚焦感。这些中心可以是优美的造型、独特的陈设、别致的材质。

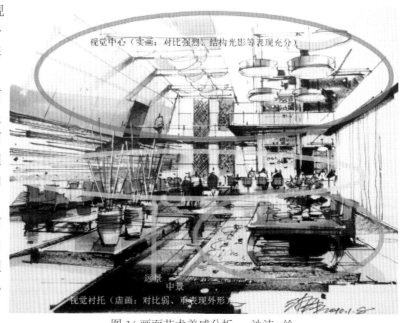

图34 画面艺术美感分析　沙沛　绘

5、手绘设计表现图中可以有多个视觉中心，在构图时就需要排列出哪个是第一视觉中心、第二视觉中心……依次排列出来，也就分清了哪些需要仔细刻画，哪些需要概括表现。

图 35 画面视觉中心分析 杨健 绘

图 36 画面视觉中心分析 沙沛 绘

25

6、虚实相生是手绘设计表现主次关系的主要手段之一，重点刻画主要对象，对其他事物以及周围环境作较弱化的处理以衬托主体物，使画面富有层次感。如画面每一部分都着墨平均，面面俱到，画面就会显得呆滞，缺乏生机。

图 37 画面艺术美感分析　　吴彪　绘

四、课题练习

1、不同性格特征的线条练习。

2、室内空间手绘设计画面构图训练。

3、室外建筑景观手绘设计画面构图训练。

4、室外景观手绘设计画面构图训练。

实训要求：选取室内外优秀手绘设计效果图，采用几何形抽象概括方式，将效果图的主体形象进行分解，概括成"几何形"，再按构图原理分析效果图的画面组合。从而训练培养画面美感的分析能力。

第二单元 手绘设计与表现技法

　　环境艺术手绘设计主要是处理好空间、物与人的关系，其手绘表现过程中多强调忠实于对象，准确反映空间特点、空间与物的体量、位置关系等。表现手法方面，常常借助线条组织、明暗归纳、色彩配置等技法来体现环境空间或物体造型特征。

　　娴熟的手绘技法是手绘设计与表现顺利展开和实现的保证。如果没有娴熟的手绘技法，再好的设计创意也无法展示出来，会阻碍设计思维进程，会使设计方案的认同度受到影响。

　　手绘技法是指手绘画图的技术与方法，如：用笔画线条的方法、准确表现空间物体透视的方法、画面构图的规律等。手绘技术和方法的知识通过科学的训练便会很快掌握。

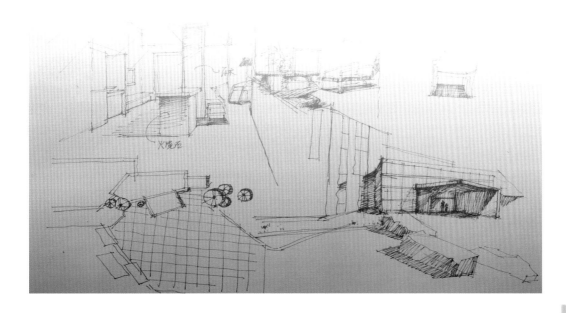

第一章 手绘线条训练

环境艺术手绘设计与表现离不开线条，从环境空间形象的围合到画面效果处理都是不同类型的线条组合的结果。环境艺术手绘设计与表现通常分为草图、线稿、画面效果处理等环节。草图和线稿是手绘设计与表现图完美表现的基础，其方法是用线描方式表现出空间、物体等元素的基本形状、位置、比例关系及形式等。

第一节 手绘设计线条组织与表现

线条是手绘设计表现图的基本组成单位。线条的画法在于通过运线的快慢和粗细变化来表现出线的性格特征，画线时要心静，切忌浮躁。线条的练习需要把握画线过程中的心理感受，时刻注意画线时身体的姿势和手势摆放的舒适度。

一、线条类型

1、直线：水平线、垂直线、斜线等

直线具有挺拔、舒展等艺术特点，也有生硬、呆板的心理效应。直线通过运笔快慢、粗细、长短等对比，往往会增强画面美感。

直线在手绘表现中常用来表现建筑、家具、玻璃、金属等坚硬平滑物体；短直线的组合和时快时慢的运笔也可创造新的笨拙感，适宜表现粗糙石头类物体。

2、弧线：圆弧线、波浪线等

弧线也是手绘表现中常用的艺术造型语言。弧线带来圆滑、优美的画面效果，也会带给人们飘逸、弹性的心理感应。在空间设计中往往用圆弧线创造圆形空间，展现空间的聚合力。

弧线在手绘表现中常用来表现植物、水体、圆形的柱状物体等。

3、自由线：自由折线、自由凹凸线、随机线等

自由线是设计师随性画出的线条类型，往往在不经意的画线过程中就迸发出创意的灵感。自由线在概念设计阶段的意向草图中运用最多，画线不拘谨、不追求刻画的深入。自由线可以作为表现物体的明暗关系的艺术处理手法。

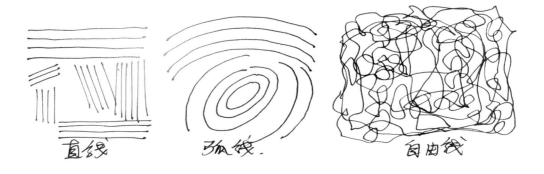

直线　　　　　　弧线　　　　　　自由线

二、线条画法

手绘初学者常常发问：如何将线条画得流畅自然？

首先，握笔姿势要正确，心境要放松，切忌握笔用力过于紧张。心中始终牢记线条的起点与终点。画单线条关键是控制好起笔、落笔。起笔顿挫有力，落笔切忌漂浮。

其次，要有正确的观察方法。找准手绘垂直、水平线条的参照物。

1、直线画法

徒手绘制直线可以分为"快画法"和"慢画法"两种方法。在训练中切忌补笔、蓄笔、甩笔、荡笔等错误画法。

图 38 宜于画长线

图 39 宜于画短线

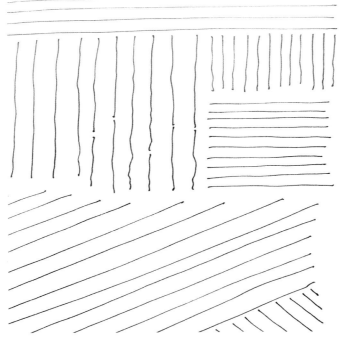

①长直线运笔应平稳，追求"大平小曲"。

②短直线运笔可快速、急果断。

③斜直线运笔应把握倾斜角度，运笔应平稳。

2、弧线、波浪线

徒手绘制弧线、波浪线线的运笔平稳、流畅，尽可能一气呵成，也可分段画，绘画过程中随手绘者气息变化而起止运笔。

3、自由线

徒手绘制自由线的运笔平稳、自由、流畅。运笔过程中讲究形的变化和线条的变化。自由线常常用于画景观中的植物，表现自由变化的植物外轮廓，也可以作为表现物体明暗关系。自由线可以是直线，也可以是曲线。

第二节 手绘线条组织与表现

线条除了表现物体的形状外，还可以通过线条的有序组合表现物体结构、质感、明暗和画面的主次关系。

一、线条围合物体形状和空间形态

形状是画面的核心，也是形体的构成元素。事物都有其存在的形状，要准确表现空间关系与物体形态特征，就应该准确把握好形状，交代清楚其结构关系，正确反映形状的大小、比例。

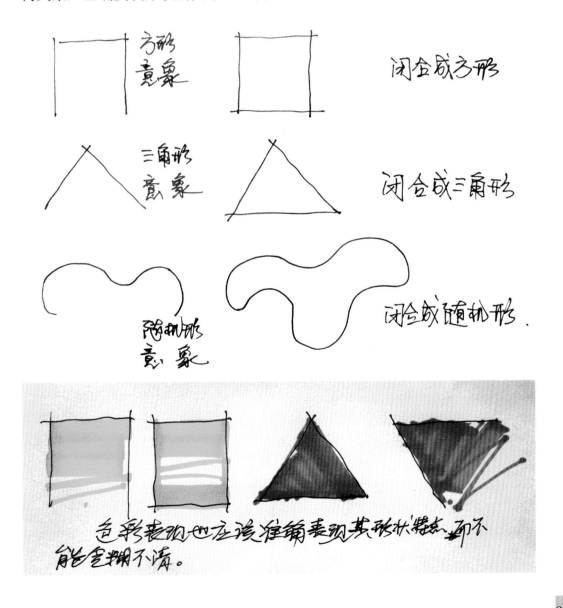

二、线条表现物体结构

物体转折的线称为结构线。结构线具有透视感、转折感、围合性等特点，它可以是直线，也可是曲线，也可是自由线。

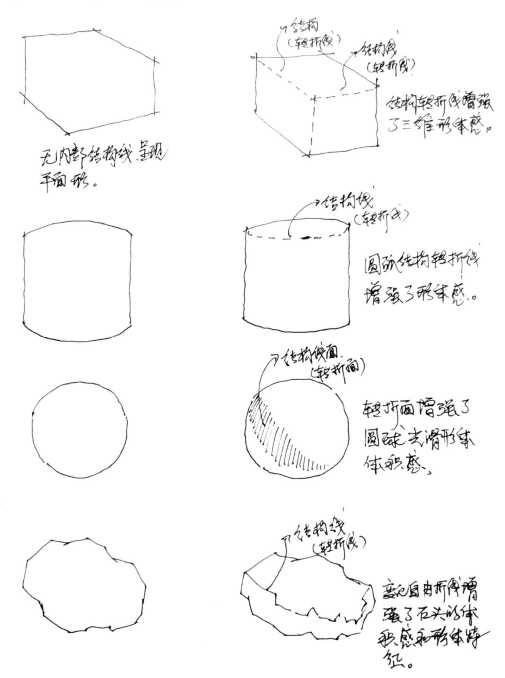

三、线条表现物体质感

表现物体的肌理图案和质感方面，线条也有很强的表现能力。线条通过粗细、流畅与呆滞、曲直等变化和组合，模拟物体呈现出来的视觉感受和心理感受。线条表现物体质感主要通过设计师捕捉物体表面能抽象概括为线条的视觉元素予以表达。比如：红砖墙，除了要画砖的几何形体，还要通过将呈现于表面的孔状视觉元素转化为大小不等的点，才能表现出砖墙的粗糙特征。

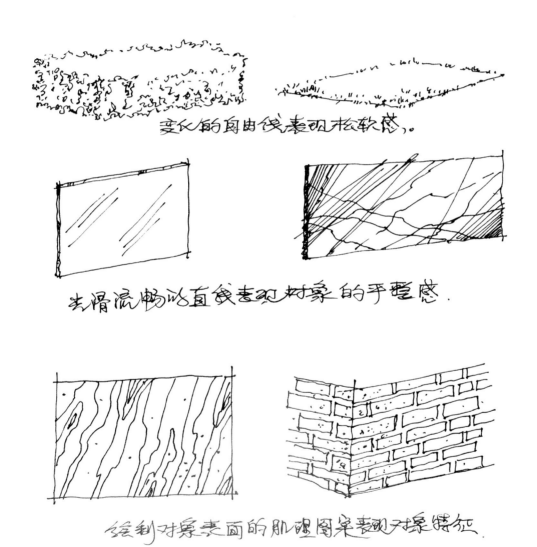

四、线条表现物体光影明暗

手绘设计表现为加强物体的体积和空间层次感，往往需要强调画出物体的光影和明暗。线条的疏密排列组合可以很好表现出光影的明暗变化和空间层次。

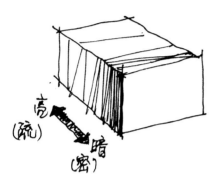

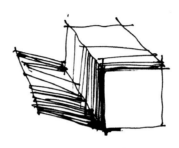

线条以疏密排列表现出明暗以及体积空间的前后关系。

加入阴影以排线，增强物体的体积感和光感，明确了光源方向。

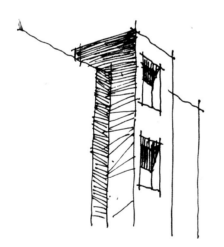

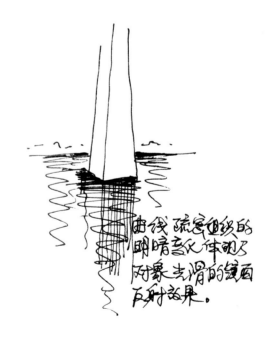

光与影的完整表达，体现对象形体结构和质量感。

曲线疏密组线的明暗变化体现了对象光滑的镜面反射效果。

五、线条表现画面层次

画面空间层次表现是手绘设计表现的主要内容,通过在远、中、近景层次上的不同线条组合而形成的明暗对比关系来实现。运用线条组合表现空间层次切忌前后画成一片疏密,缺少对比。

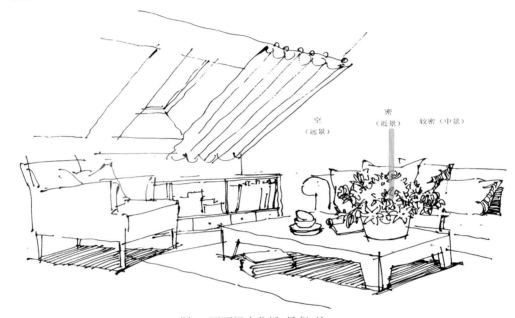

图 40 画面层次分析 吴彪 绘

图 41 画面层次分析 吴彪 绘

第二章 手绘透视

表现环境空间的真实感和层次感，离不开运用透视原理作图。如果画面中出现违背透视规律的室内外空间和形体，与人的视觉感受不相一致，画面就会变形、失真，缺少空间的真实感。

透视是指人观察物体对象时，人的视觉印象中呈现出的物体视觉差。这种视觉差按照一定规律表现出来，就形成透视图。

第一节 透视概念与规律

一、透视分类及特征

透视图一般分为三大类，即一点透视、二点透视、三点透视。这种分类是按透视形成中的消失点数量来确定。一点透视只有一个消失点，二点透视有两个消失点，三点透视出现三个消失点。一点透视常用于表现环境艺术的大场面，但画面略显呆板。二点透视常用于表现环境艺术局部，画面生动，但容易使空间表现失真。三点透视一般用于俯视图和高大建筑物表现。

1、一点透视特征

一点透视，又称"平行透视"。具有如下特征：

（1）画面中只有一个消失点。

（2）画面中所有的横向线平行于纸的横边，所有的竖线垂直于纸的横边。

（3）画面中所有的斜线都汇聚消失点。

图 42 画面透视分析

2、两点透视概念特征

两点透视，又称"成角透视"。具有如下特征：

（1）画面中有左、右两个消失点，而且这两个消失点在同一条水平直线上。

（2）画面中所有向左倾斜的线过左消失点，所有向右倾斜的线过右消失点，所有竖线垂直于纸的横边。

图 43 画面透视分析

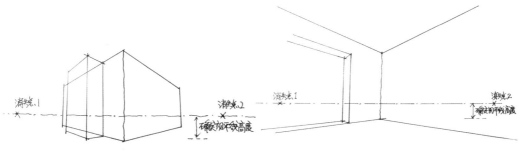

图 44 画面透视分析

二、透视基本规律

1、近大远小，近实远虚

由于受到空气中的尘埃和水汽等物质的影响，物体的明暗和色彩效果会有所改变，降低清晰度，产生模糊感。因此，利用透视规律，近处的物体加以清晰的光影质感的表现，远处的物体减少明暗色彩的对比和细节刻画，可达到增加空间透视的效果。

2、近宽远窄，近高远低

当物像在人的视觉作用下产生透视现象时，其水平面与人的视线成垂直状况下，物体就呈现出近宽远窄、近高远低的图像。如铁路的枕木就是这个规律：近的要宽，远的要窄。

3、物体透视线由近及远产生消失，最后聚集在消失点

图 45 画面透视分析

图 46 画面透视分析

第二节 透视作图法

一、一点透视画法

　　一点透视是环境艺术设计表现中运用最多的透视表现方法之一，在表现大场景的空间环境效果上有一定优势。但一点透视的角度、视点高度选择不好，也容易导致画面呆板。掌握一点透视的基本画法后，还可以与两点透视画法结合，增强画面的生动性。

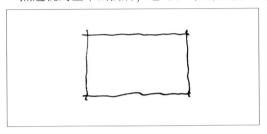
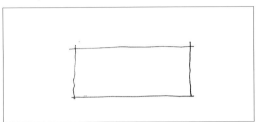

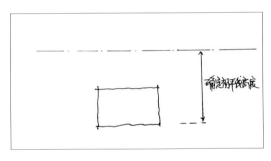
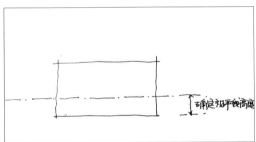

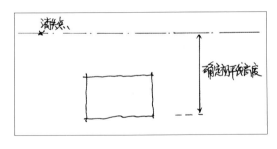
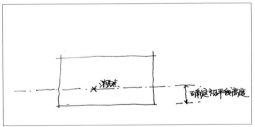

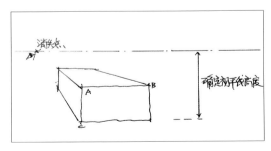
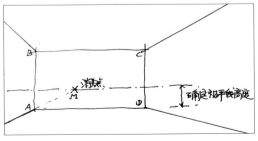

二、两点透视画法

两点透视也是手绘设计表现常用透视作图法，适合表现一些小场景或局部空间环境效果。两点透视画法的关键取决于消失点位置选择，离真高线太近，容易使画出的空间结构变形失去仿真性。

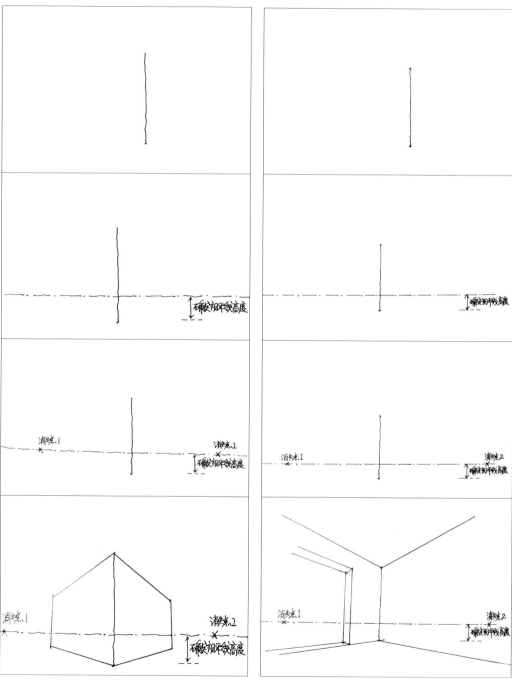

三、透视简便画法

1、透视图上经常用到等分法，等分法分偶数等分法和奇数等分法

偶数等分法是先在要等分的四方形上画对角线，在对角线的中心交叉点向边线画垂线即可。

2、奇数等分法可分为4个步骤

（1）欲将四方形垂直线分为三等分；

（2）画透视线（虚线）；

（3）画对角线交于透视线上的点；

（4）在交叉点上画垂线即得透视上的三等分，同理，可作五等分或更多等分。

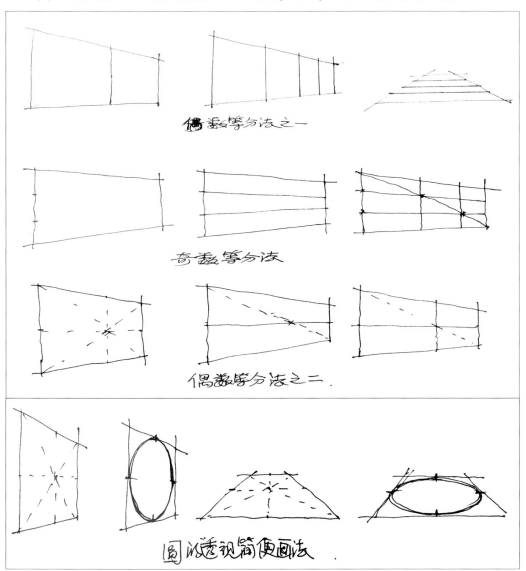

偶数等分法之一

奇数等分法

偶数等分法之二

圆视透视简便画法

四、徒手透视画法训练

徒手透视画法强化不借用直尺等工具，凭借设计师视觉感觉判断直接绘制透视图，其画法练习有助于提高设计师对空间的准确把控能力，增强平面与三维立体空间之间的图形转换思维与表现能力。

徒手透视画法训练以一点透视和两点透视画法为主要内容，强调眼、手、脑之间的协调转化训练。

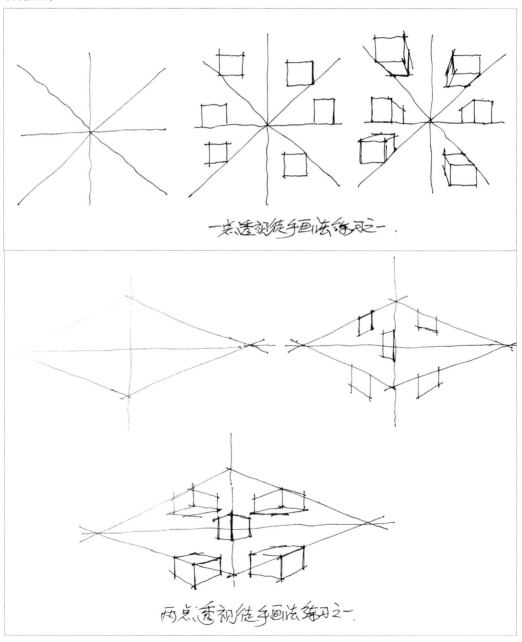

第三章 手绘构图

　　构图是指视觉造型元素按照形式美法则合理地安排组织到画面的适当位置，形成画面视觉中心，达到表现艺术家创作意图的目的。环境艺术手绘构图主要应用于手绘效果图，帮助设计师快速准确地阐述自己的设计创意亮点。

第一节 环境艺术手绘构图要点

一、手绘构图基本要求

　　一幅好的手绘构图要求视觉中心突出，视觉引导清晰，有助于准确表达设计师的设计创意，画面表现的环境空间结构精密完整，具有感染力。

图 47 画面构图分析 吴彪 绘

图 48 画面构图分析 吴彪 绘

二、手绘构图方法

1、角度选择

环境艺术空间包含室内环境空间和室外景观环境空间，在进行环境空间的整体规划设计时都会明确设计创意的亮点，因此，手绘构图的角度选择首先应以突出设计师的创意亮点为主导。

2、视点选择

正确的视点选择有利于准确表现环境空间特征。表现高大的空间环境适宜选择低视点，表现具有亲和力的空间适宜选择正常人视点高度。同一画面只能有一个视点，否则会导致画面失去仿真性。

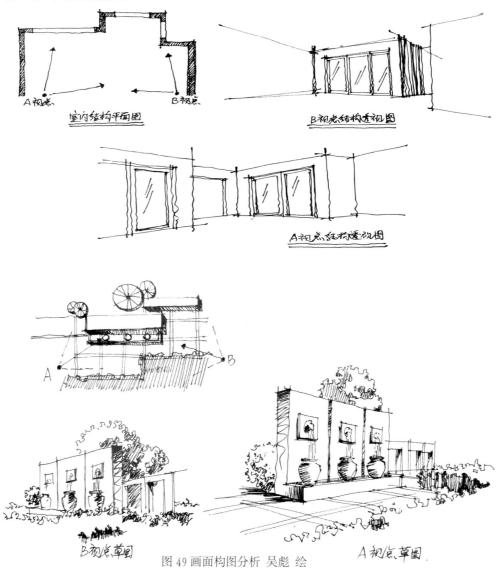

图49 画面构图分析 吴彪 绘

3、布局安排

按照统一与变化的形式美法则展开手绘构图，形成主体突出、疏密有致、画面均衡的画面效果。

4、视线引导

视线引导可以帮助设计师按照一定的视觉方向讲述设计意图，引导人们将视线投向设计师欲表现的主体。视线引导的方法有透视线引导法、详略引导法、色调引导法等。

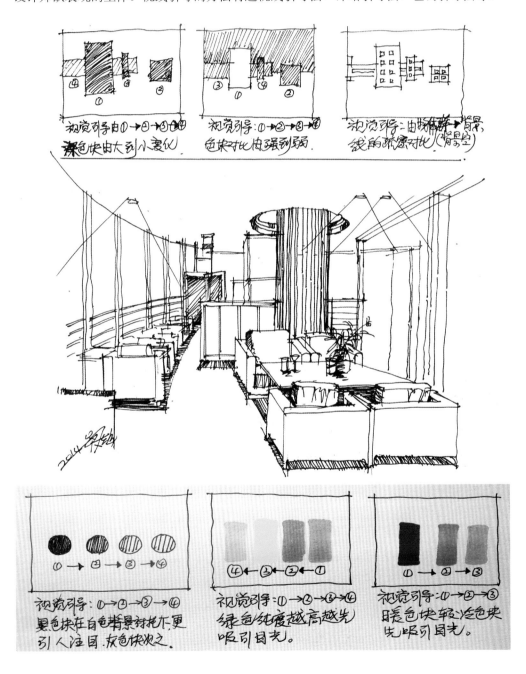

第二节 环境空间手绘构图训练

一、手绘构图训练策略

手绘构图训练着重解决画面的主宾关系、位置平衡，画面不追求对象形体和结构的完整性。手绘构图训练采用线描草图和色块草图形式，关注画面中被抽象后线条、色块等元素的疏密分布和平衡布局。

二、室内空间手绘构图练习

室内空间构图方法之一：将主体对象抽象为单色的平面的形状或线条后进行合理组织与布局。

室内空间构图方法之二：将主体对象的暗部（含投影区）抽象为单色的平面的形状或线条后进行合理组织与布局。

室内空间构图方法之三：将主体对象的明暗对比抽象为单色的平面的形状或线条后进行合理组织与布局。

三、室外景观空间构图练习

室外景观空间构图方法之一：用抽象的平面形状或线条将室外景观空间环境概括成两个明暗层次，探究其组合布局形式。

室外景观空间构图方法之一：用抽象的平面形状或线条将室外景观空间环境概括成"黑、白、灰"三个空间层次，探究其组合布局形式。

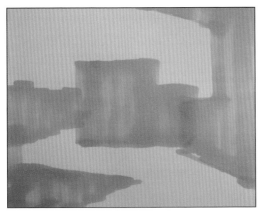 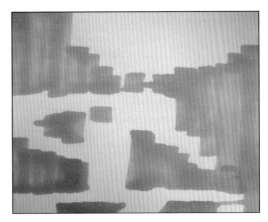

第四章 手绘线描表现技法

线描是手绘设计与表现的基础。线条的围合界定了环境空间和物象的形体特征和准确透视，使手绘设计表现图更加真实反应环境空间的形态特征，为手绘设计表现图的色彩表现搭建了空间结构基础。强化线描表现技法训练对提升设计师的手绘设计与表现能力具有很大促进作用。

第一节 空间单体与线描表现

大千世界中，无论形体多么复杂的物体，都可以将其抽象概括为立方体、球体、圆柱体等一些基本的几何体。

一、室内空间单体线描表现

准确画出室内外空间单体的形体特征离不开科学的观察感知方法。抽象的"几何形观察法"是感知对象的有效途径。

1、认识立方体

立方体是多数建筑、家具等空间元素的造型概括，认知空间中的立方体造型规律能帮助设计师理解建筑、家具等空间元素的造型结构形式。正常视觉状态下，观察立方体会有三个面呈现在观者面前，这三个面因不同透视情况，分别呈现两种几何形体，即：方形和梯形。

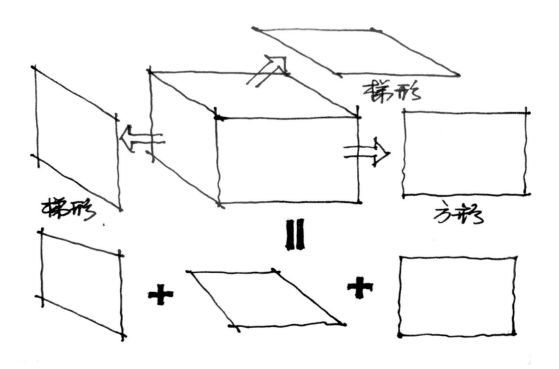

2、家具线描练习

（1）家具造型认知

家具的造型离不开点、线、面、体，这几个基本造型元素。用诸如方体、圆柱体、球体等基本几何体去抽象理解和感知其造型特征。用"几何形观察法"去记忆和表现家具造型是最有效的途径。

家具的美感都是通过其材料、光影、造型的形式美表现出来。在手绘表现家具时，我们应根据家具材料的软硬、光滑等质感，用不同的线条来表现其材质特征。

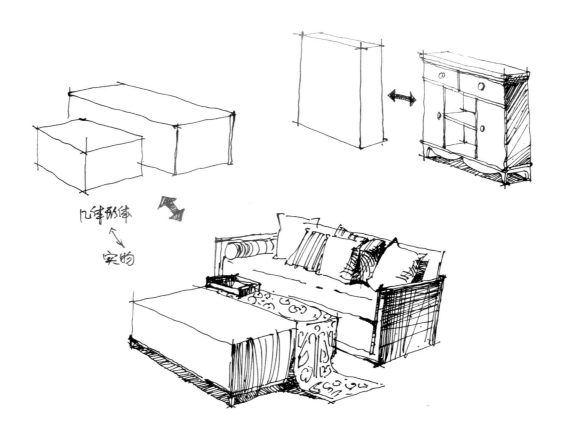

（2）家具照片写生

要点1：选择家具定位线。定位线是指家具在空间中的宜于辨识的位置参考线。

要点2：画出家具受光照后形成的明暗变化关系。

图 50 家具照片写生 饶松 绘

定位线　　　　　　　　　　　　　　　　　　　强调光影明暗

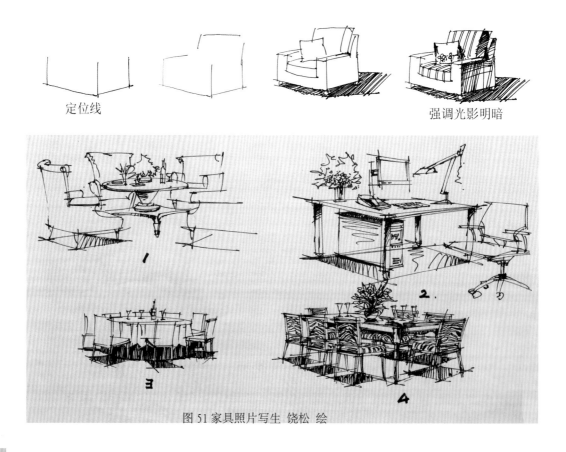

图 51 家具照片写生 饶松 绘

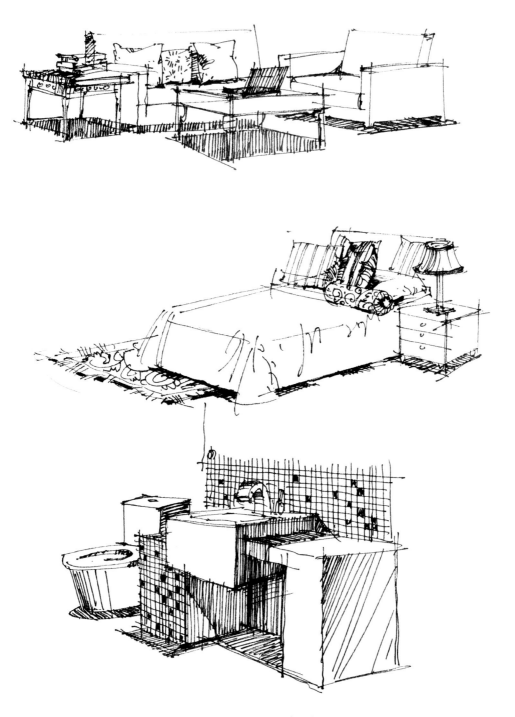

图 52 家具照片写生 吴彪 绘

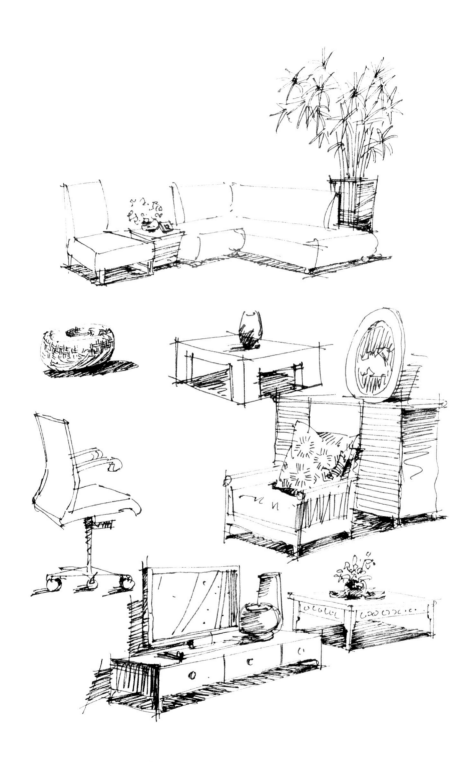

图 53 家具照片写生 吴彪 绘

3、室内陈设品线描练习

室内空间有很多小饰物，是活跃室内气氛不可缺少的陈设物件。陈设品种类繁多，材料质感大相径庭，手绘线条运用应该多样化，根据陈设品视觉特征选择合适的手绘线条，同时要强调线条运用的疏密、曲直、粗细等对比。

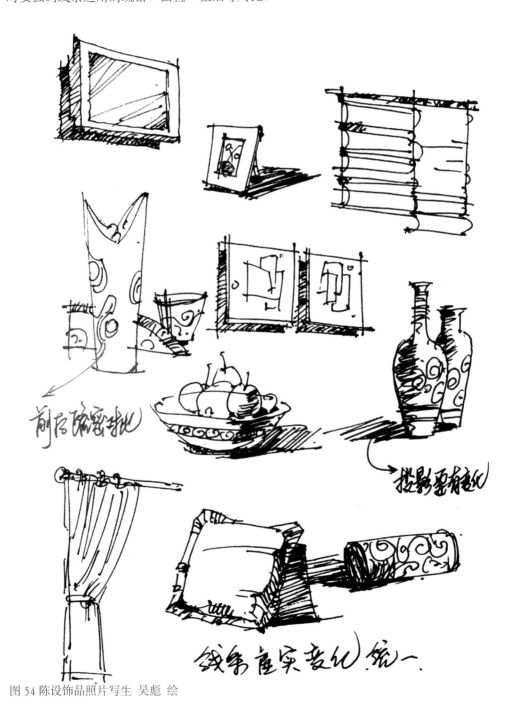

图 54 陈设饰品照片写生 吴彪 绘

二、室外景观单体线描

室外景观空间是由建筑、植物、山石、水体、路、桥等元素组成，其手绘表现形式和方法丰富。加强景观单体手绘练习是完美表现室外景观空间环境的基础。景观单体的手绘表现与其形体特征、生长规律等相联系，手绘表现过程中在尊重规律、特征的前提下，还要主观地概括、重组和构建画面。

（一）建筑单体线描练习

1、建筑造型认知

手绘建筑物不管是单体或一群，都要着眼于大的基本形体的美感。在观察时不能只见门窗、瓦墙等局部的小形体，而忽视了整体的大形体。可以将建筑物抽象成基本几何形体加以概括理解，画出准确的建筑透视关系，多注重突出它的稳定感和庄重感。

线描手绘建筑主要通过线条的疏密、曲直、粗细等手法来塑造和表现建筑形体。手绘线条运笔要沉稳，呼吸要均匀，线条效果要流畅、硬朗、富有弹性，切忌短碎凌乱无整体感。

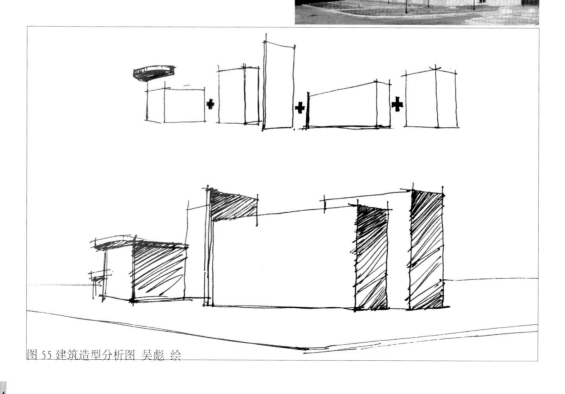

图55 建筑造型分析图 吴彪 绘

2、建筑照片写生要点

要点1：选择建筑定位线。定位线是指建筑在空间中的宜于辨识的位置参考线。

要点2：画出建筑受光照后形成的明暗变化关系，近景建筑还应画出建筑物局部（如窗户、柱体等）的阴影，强调其体积感。

图 56 建筑照片写生 吴彪 绘

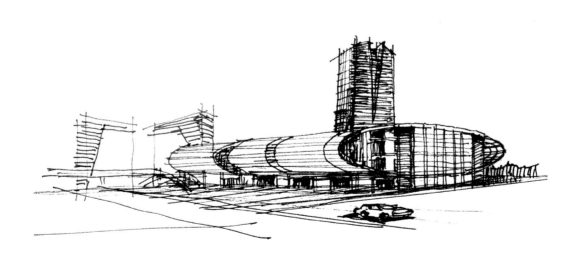

图 57 建筑照片写生 吴彪 绘

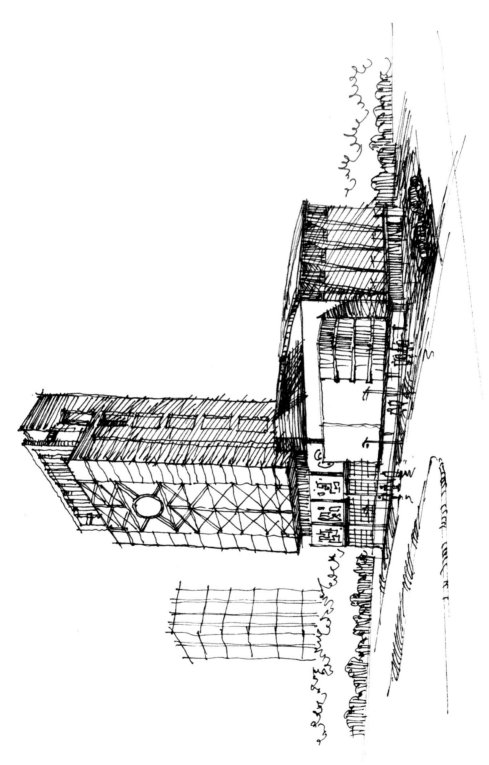

图 58 建筑照片写生 吴彪 绘

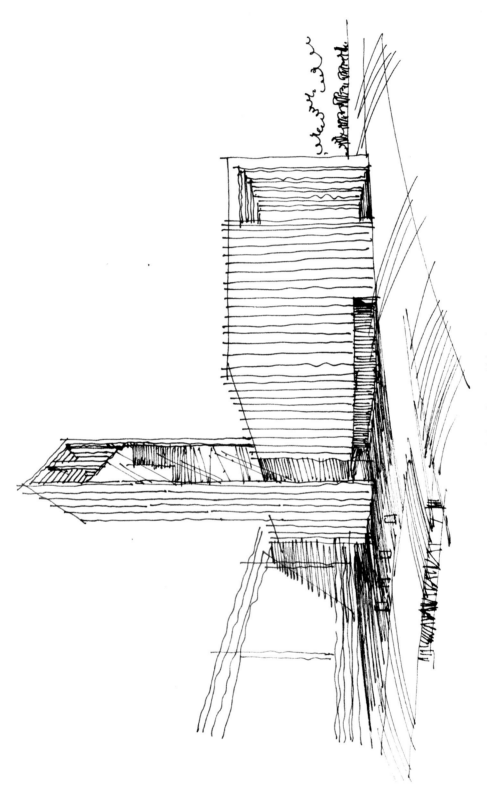

图 59 建筑照片写生 吴彪 绘

（二）植物线描练习

1、 植物单体手绘线描策略

植物是室外景观空间构成的重要内容之一。树的品种繁多，其形体特征和结构也各有不同；由于树龄的不同，树木的形象千姿百态。树的形体不像一座建筑物那样具体明确，手绘初学者对于不同品种、形态各异的树，往往感到很困惑。但只要经常去观察研究，认识树的形体结构与色彩的变化特点，通过写生实践，也能掌握其表现规律。

曲线和自由线是线描植物单体的主要表现形式，线描植物强调用线的灵活和疏密组织。

2、比较与分析

（1）平面树

平面图中树的绘制多采用图案手法，如灌木丛多为自由变化的变形虫外形；乔木多采用圆形，圆形内的线可依树种特色绘制，如针叶树多采用从圆心向外辐射的线束，阔叶树多采用各种图案的组团，热带大叶树又多用大叶形的图案表示。

灌木：外形呈多变化的圆形。

乔木：外形呈圆形，由圆心向外呈放射状辐身成线束成组团图案。

针叶树：外形呈圆形、由圆心向外放射成线束。

阔叶树：外形呈圆形、由圆心向外放射成组团图案。

（2）立面树

树的种类千千万万，形体千姿百态，立面的绘制方法亦多种多样。

首先，绘出中心线和主干。

其次，从主干出发绘出大枝，再从大枝出发绘出小枝。

然后，从小枝出发绘出叶片，并铺排组合成树冠外轮廓。

最后，根据光影效果，表示出亮、暗、最暗的空间层次，加强树的立体感和远近树的空间距离。

（3）立体树

室外景观的环境透视图表现离不开对树、树丛的描绘。树丛是空间环境中主要配景，应表现其体积和空间层次。

远景树

通常位于建筑物背后或环境空间最远处，起衬托作用，树的深浅以能衬托建筑物或前景、中景的空间层次为宜。建筑物深则背景宜浅，反之则用深背景。

远景树只需要做出轮廓，树丛色调可上深下浅、上实下虚，以表示近地的雾霭所造成的深远空间感。

中景树

往往和建筑物处于同一层面，也可位于建筑物前。画中景树要抓住树形轮廓，概括枝叶，表现出不同树种的特征。

近景树

描绘要细致具体，如树干应画出树皮纹理，树叶亦能表现树种特色。树叶除用自由线条表现明暗外，亦可用点、圈、条带、组线、三角形及各种几何图形，以高度抽象简化的方法去描绘。

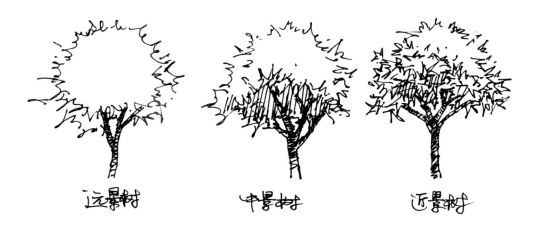

（4）低矮植物

自然界的植物种类不计其数。一方面要详细了解此类景观植物的特点、类别，另一方面要善于归纳总结其造型特点。

低矮植物，如草本、水生、小型的植物，这类植物描绘的时候注意其叶片、根茎等细节特点，注意排列组合特征。

描绘时只要画出大致的明暗交界线就可以了。在画这类植物时要注意一些细节处理，用笔排线略有变化，避免过于呆板。

3、植物组合要求

植物组合要根据植物设计需要安排其空间位置，搭配时强调高低、大小、四季变化等协调组合。画面主次分明，层次清晰，用笔灵活生动。

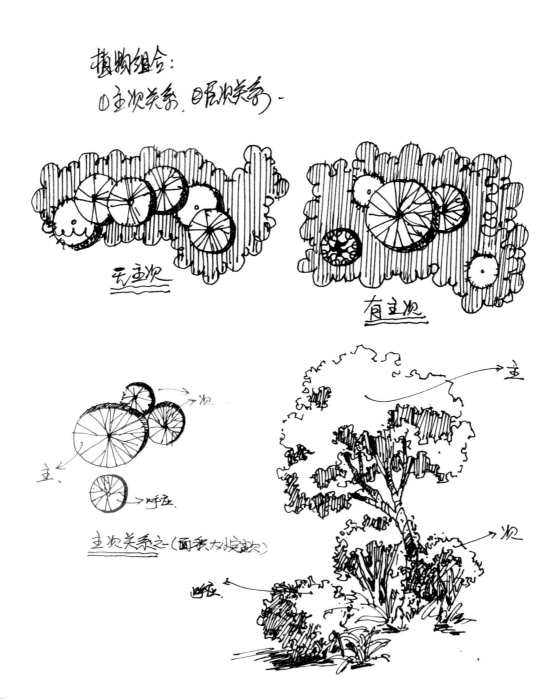

（三）石头线描练习

石头一直是室外景观中很重要的组成部分。描绘石头要表现出其共性，如坚硬、力度，同时要注意其不同的材质、造型特征，用笔运线略有区别。

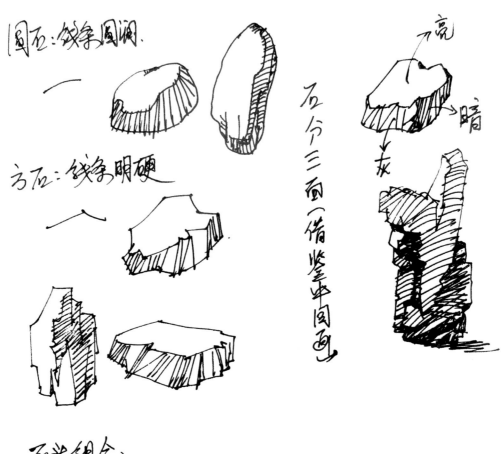

（四）水体手绘线描练习

"无水不成园"，水是园林的血脉，是生机所在。在设计手绘中，我们简单地把水分成两类：静水和动水。所谓"滴水是点，流水是线，积水成面"，这句话概括了水的动态和画法。

静水

如同一面镜子，表现时适度注意倒影，并在水中略加些植物以活跃画面。

动水

相对静水而言，是指流速较快的水景，如叠水、瀑布、喷泉等水景。表现水流动感时，用线宜流畅洒脱。在水流交接的地方可以表现水波的涟漪和水滴的飞溅，使画面更生动自然。

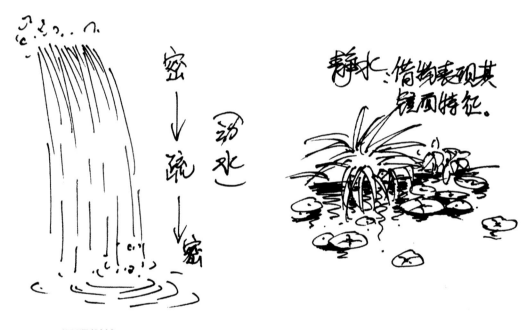

三、课题训练

1、选择室内空间单体进行线描写生练习，加强空间透视和物体结构特征的准确表现能力培养。

2、选择室外景观单体进行线描写生练习，加强空间透视和物体结构特征的准确表现能力培养。

第二节 室内外空间结构与线描表现

结构是空间环境塑造的骨架，体现空间形体构建组合的内在规律，制约单体物的布局重组关系。准确表达空间结构关系是手绘表现的重要内容。难以把握的透视与比例是室内外空间形态结构表现的难点。

一、室内空间结构与线描表现

1、室内空间结构

室内空间结构主要由建筑墙体及其构件围合而成，它是家具和陈设品的承载体，是设计师开展环境艺术设计、营造空间气氛的基础。

室内空间结构形式可分为：圆型、方型、复合型等。

室内空间结构手绘表现紧紧抓住空间界面之间的交界线，比较观察其透视变化和结构组合特点，表现出准确的空间比例关系和空间透视。

图 60 室内空间结构类型

2、室内空间结构手绘线描策略

（1）观察

比较观察和几何形观察法是将室内空间对象抽象简化为几何形加以分析理解，把握其形体结构特点，然后以相近似的几何形将其概括重组，这样画出的空间结构才能够比较准确。

（2）表现

室内空间结构手绘要强调准确的透视关系和空间组合关系；而不能拘泥局部的装饰造型表现。用线条表现空间结构时多用长线条，运笔平稳，有快有慢，有力度，注重用线条虚实来表现空间前后关系；在画面构图处理上突出空间层次。

（3）技巧

徒手画室内空间透视应紧紧抓住"一线一点"。"一线"就是视平线，它控制消失点的位置，它的高度确定也是画室内空间中物体高度和透视线方向的参照线。"一点"就是指消失点，它是画面中物体的消失聚焦点，消失点一定要控制在视平线上。这样，比较容易画准空间的透视和体量比例关系。

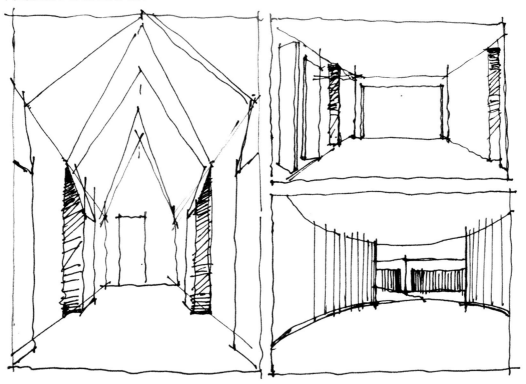

3、课题训练

（1）选择圆形空间照片，运用概括性线描方法分析其空间结构形式。

（2）选择方形空间照片，运用概括性线描方法分析其空间结构形式。

（3）选择复合形空间照片，运用概括性线描方法分析其空间结构形式。

二、室外景观空间结构形态与线描表现

1、室外景观空间结构

景观各组成要素或景观综合体之间相互结合的形式,, 这里将其理解为景观的空间组织形式, 即景观空间内部形态。

景观空间结构一般分为: 开敞空间、私密空间、半私密空间。

景观空间结构表现图多以平面分析图的形式出现, 在三维效果图的表现中, 充分利用手绘的灵活性特点, 通过画面取舍、虚实布局描绘出空间的形态结构特征。

图 61 室外空间结构类型

2、室外景观空间结构手绘线描策略

（1）观察

比较观察和抽象观察法是将室外景观空间按空间层次将对象抽象简化为几何形加以分析理解, 把握其空间形态结构特点, 然后以相近似的几何形将其概括重组。

（2）表现

在具体表现时要强调准确的透视关系和空间组合关系，而不能拘泥局部的物象造型表现。用线条表现空间结构时多用长线条，运笔应慢、稳、有力度；注重用线条虚实来表现空间前后关系；在表现图的画面构图处理上突出空间层次。

（3）技巧

徒手画室外景观空间透视应紧紧抓住"一线一点"。"一线"就是视平线，它控制消失点的位置，它的高度也是画空间中物体高度和透视线方向的参照线。"一点"就是指消失点。它是画面中物体的消失聚焦点，消失点一定要控制在视平线上。这样，比较容易画准空间的透视和体量比例关系。

3、课题训练

（1）选择开放性室外景观空间照片或平面分析图，运用概括性线描方法分析其空间结构形式。

（2）选择私密性室外景观空间照片或平面分析图，运用概括性线描方法分析其空间结构形式。

（3）选择半私密性室外景观空间照片或平面分析图，运用概括性线描方法分析其空间结构形式。

第三节 环境艺术空间手绘线描表现

环境艺术空间手绘线描表现是将空间单体画法与空间结构形态画法结合在一起的综合表现方法，帮助设计师掌握空间透视的正确画法，准确表达空间结构形态。手绘线描草图有助于设计师快速推敲设计方案，手绘线描透视图有助于准确表达设计师的空间创意预想效果。

提高设计师的环境艺术空间手绘线描表现能力除了熟练掌握单体和空间结构形态的画法外，还要提升环境艺术空间的概括归纳能力。其有效途径就是大量的照片写生和优秀作品临摹。

一、室内空间手绘线描表现

室内空间手绘线描表现的难点是如何准确表现空间透视与物体透视的协调统一。特别是徒手线描表现，离不开设计师对空间透视的敏锐视觉感受。

室内空间照片将场景范围缩小，空间透视的视觉感受明显，有助于帮助初学手绘者概括归纳对象。

室内空间照片写生步骤见下图。

图 62 步骤一，铅笔画出大体轮廓，注意空间比例和物体的位置关系

图 63 步骤二，按照空间层次从近向远描线，把握好结构转折关系

图 64 步骤三，确定光源方向，画出大体明暗变化和阴影位置

图 65 步骤四，深入刻画，画出物体的体积和远近层次关系

图 66 步骤五，调整画面，强调画面虚实变化

室内空间照片写生方法之二：

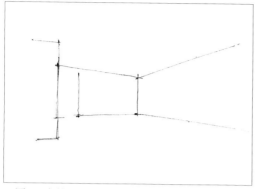

图 66 步骤一，画出空间结构，把握空间透视

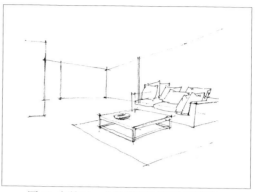

图 68 步骤二，由近及远画出家具透视

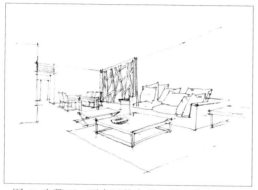

图 69 步骤三，画出远处家具，强调虚实关系

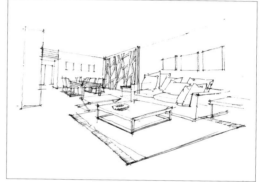

图 70 步骤四，深入刻画，把握空间层次

图 71 步骤五，调整画面，强调画面虚实变化

图 72 室内空间照片写生 吴彪 绘

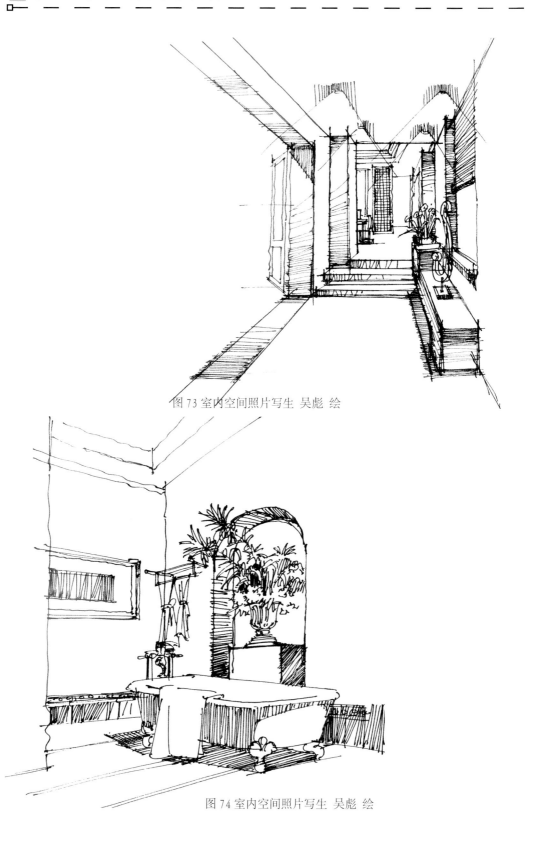

图 73 室内空间照片写生 吴彪 绘

图 74 室内空间照片写生 吴彪 绘

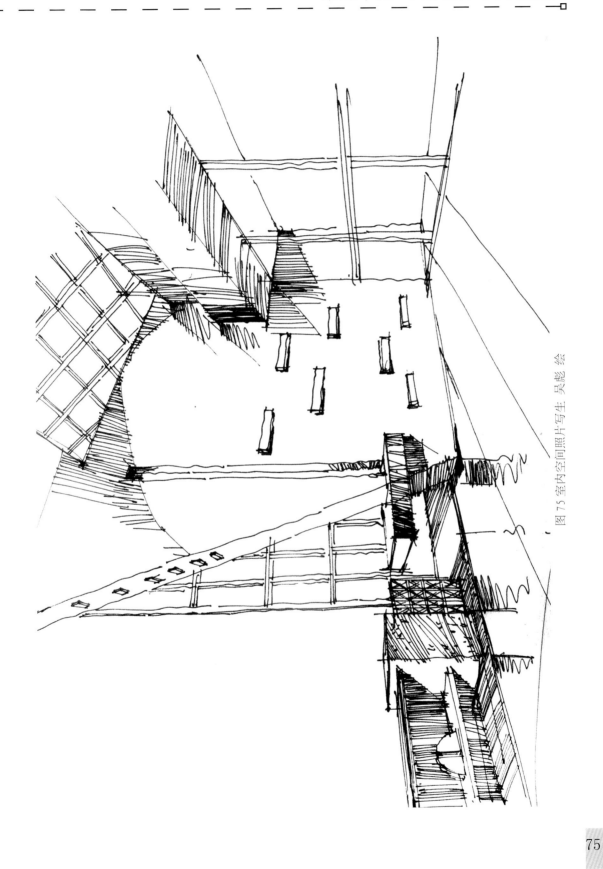

图 75 室内空间照片写生 吴彪 绘

二、室外景观空间手绘线描表现

室外景观空间场景范围增大，设计内容增多，更需要设计师对环境空间进行分析归纳与提炼，选择设计重点进行表现，同时要将空间层次表达清晰。手绘线描的疏密对比关系是设计师常用的的表现手法。

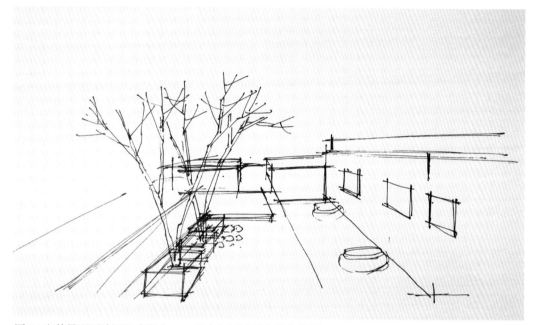

图 76 室外景观照片写生步骤之一，确定空间透视和物体位置

图 77 室外景观照片写生步骤之二，深入刻画，调整画面虚实关系

图7-8 室外建筑景观照片写生 吴彪 绘

第五章 手绘设计与色彩表现工具

马克笔、彩色铅笔、水彩等是环境手绘设计与色彩表现的常用工具，共同的特点就是携带使用方便、表现效果快速，因此受到设计师和手绘初学者的推崇。

第一节 手绘色彩表现与马克笔

一、马克笔特性

1、马克笔分为水性马克笔和油性马克笔。笔头分扁头和圆头，用马克笔扁笔头的正面与侧面上色形成宽窄不一的笔触，运笔时可发挥其形状特征，构成自己特有的风格。

2、马克笔里最重要的是灰色系列，通常都是使用灰色来设置一种颜色的明度，在随后的上色过程中，再用高纯度马克笔或彩色铅笔来调整色调与色度。

3、优点：马克笔以其色彩丰富、着色简便、风格豪放和成图迅速，受到设计师普遍喜爱。

4、缺点：马克笔上色后不易修改。

二、马克笔使用方法与技巧

马克笔上色之前要对画面颜色布局和运笔方式进行整体设计，做到心中有数。总体遵循先浅后深的手绘着色原则。浅色系列透明度较高，宜与黑色的钢笔画或其他线描图配合上色。下笔准确、利落，运笔连贯、一气呵成，切忌落笔运笔犹豫。

1、马克笔的握笔与运笔

握笔姿势应当舒适为宜，手指灵活转动笔杆；运笔时，笔头紧贴纸面且与纸面成45°角。

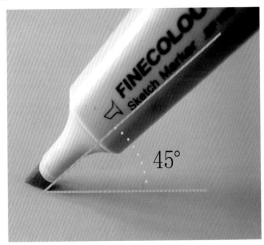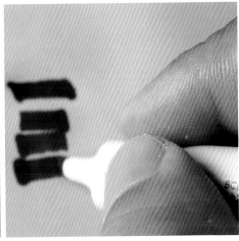

2、马克笔表现形式

在针管黑线稿的基础上，直接用马克笔上色。由于马克笔绘出的色彩不便于修改，着色过程中需要注意着色的变化规律，一般是先画浅色，后画深色。

马克笔　　　　　　　　　马克笔十彩铅

3、马克笔运笔技巧

马克笔的笔法——也称之为笔触。

马克笔表现技法的具体运用，最讲究的就是马克笔的笔触。它的运笔一般分为点笔、线笔、排笔、叠笔、乱笔等。

点笔——大小不同的点有变化组合呈现生动效果。常用于画树木等植物。

叠笔——指笔触的叠加，体现色彩的层次与变化。

线笔——可分为曲直、粗细、长短等变化。

排笔——指重复用笔的排列，多用于大面积色彩的平铺

扫笔——起笔重，收笔轻。多用于画水等。

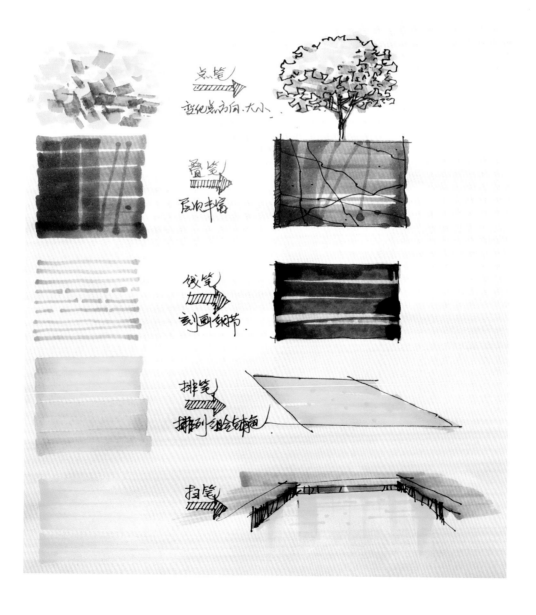

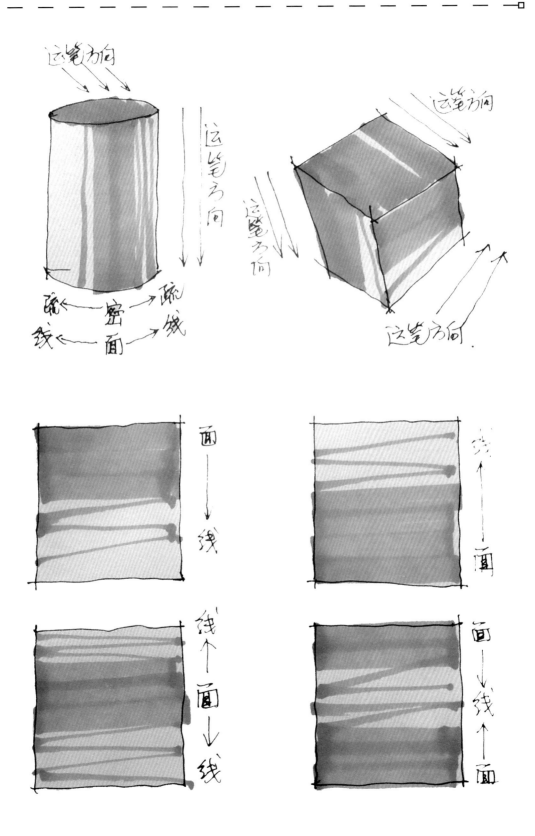

4、马克笔技法应用

对比是艺术表现中最常用的一种形式美法则，主要包括以下几种：面积的对比、粗细的对比、曲直的对比、长短的对比、疏密的对比等。

（1）同类色彩叠加技巧是马克笔表现中的常用技巧。

马克笔中冷色与暖色系列，按照排序都有相对比较接近的颜色，编号也是比较靠近的。画受光物体的亮面色彩时，先选择同类颜色中稍浅些的颜色，在物体受光边缘处留白，然后再用同类稍微重一点的色彩画一部分叠加在浅色上，使物体同一受光面表现出三个层次。用笔有规律，同一个方向基本成平行排列状态；物体背光处，用稍有对比的同类重颜色，方法同上。物体投影明暗交界处，可用同类重色叠加重复数笔。

（2）物体亮部及高光处理。

物体受光亮部要留白，高光处要提白或点高光，可以强化物体受光状态，使画面生动，强化结构关系。

（3）物体暗部及投影处理。

物体暗部和投影处的色彩要尽可能统一，尤其是投影处可再重一些。画面整体的色彩关系主要靠受光处的不同色相的对比和冷暖关系，加上亮部留白等，构成丰富的色彩效果。整体画面的暗部结构起到统一和谐的作用，即使有对比也是微妙的对比，切记暗部不要有太强的冷暖对比。

（4）高纯度颜色应用规律。

画面中用纯颜色要慎重，用好了画面丰富生动，反之则杂乱无序。当画面结构形象复杂时，投影关系也随之复杂，此种情况下纯色要尽量少用，且不要面积过大、色相过多。相反，画面结构、结构关系单一时，可用丰富的色彩调节画面。

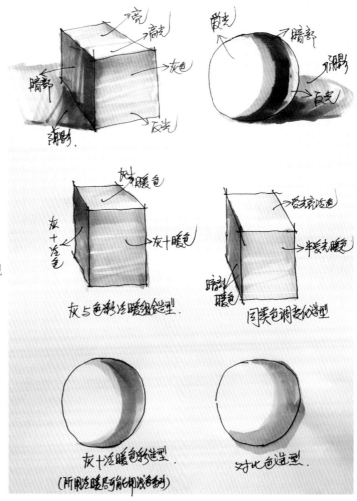

第二节 手绘设计表现与彩色铅笔

彩色铅笔也是环境艺术手绘设计表现的常用工具。彩色铅笔使用简单，易于掌握，表现快捷，可作为色彩草图的首选工具。

一、彩色铅笔特性

1、彩色铅笔的种类
水溶性彩色铅笔：加水渲染，蘸水描绘。
非水溶性彩色铅笔：直接描绘，利用线条画出细微生动的层次变化。

2、彩色铅笔的笔触特点

彩色铅笔使用方便、简单，易掌握，运用范围广。笔法从容、独特，可利用颜色叠加，产生丰富的色彩变化，具有较强的艺术表现力和感染力。彩色铅笔在作画时，使用方法同普通素描铅笔一样，但彩色铅笔进行的是色彩的叠加。

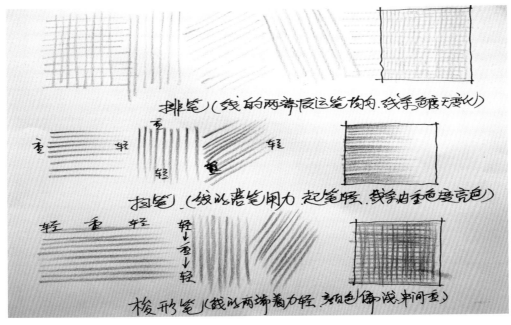

二、彩色铅笔使用方法与技巧

1、彩色铅笔的表现形式

彩色铅笔有两种表现形式。一种是在针管笔墨线稿的基础上，直接用彩色铅笔上色，着色的规律是由浅渐深，用笔要有轻、重、缓、急的变化；另一种是与以水为溶剂的颜料相结合，利用它的覆盖特性，在已渲染的底子上对所要表现的内容进行更加深入、细致的刻画。这种技法用纸不受局限。如果选用描图纸，可在纸的背面衬以窗纱、砂纸等材料，用来表现粗糙的质感。我们应该在实践过程中不断总结、归纳作图的经验和体会，学会灵活运用，从而创作出更加精彩的手绘设计表现图。

2、彩色铅笔表现技巧

（1）画线忌涂抹，以免画面发腻而匠气，应采取排线方式，显示笔触的灵动和美感。

（2）线条的组织形式与表现效果相关，线条紧密，排列有序，画面严谨、精巧、细腻；线条随意、松动，线条方向变化明显，画面活跃、轻松、充满生气。

（3）作画时可改变铅笔的力度，使明度和纯度发生变化，形成渐变效果，产生层次感。

（4）纸张会影响画面风格，粗糙纸张会使画面粗犷，豪爽，细滑纸张会使画面细腻，柔和。

（5）修改时少用橡皮擦。

（6）表现时要从大到小，从整体到局部，逐渐深入。

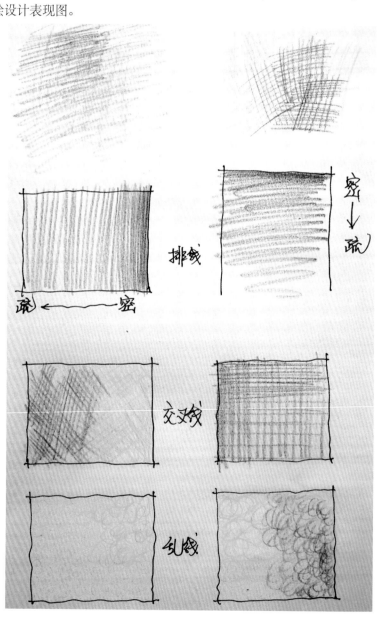

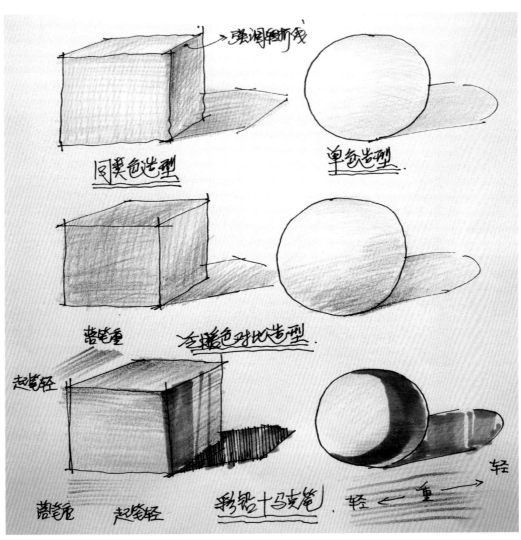

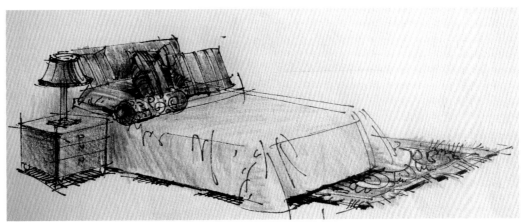

图 79 室内家具照片写生 吴彪 绘

第六章 手绘设计色彩综合表现技法

手绘线描、色彩与构图的综合运用将更有利于设计师开展设计思维、表现设计创意、实施设计施工等。手绘设计色彩综合表现要求设计师掌握熟练的绘画造型技巧，还要将绘画技巧与色彩设计审美相结合，才能画出满意图纸。

第一节 手绘设计与色彩搭配

手绘设计表现图主要展示环境空间布局与色彩氛围，自然受到与环境空间相关因素的影响，比如光照、物体固有色、环境颜色搭配等。这就要求设计师在表现环境空间色彩时要选择好主体，紧紧围绕设计氛围需要去表现空间色彩。

一、色彩组织与搭配

设计师将环境空间中纷繁复杂的颜色通过有序组织与合理布局，形成主次明确、满足功能需要、调节人们情绪的色彩空间。

色彩的有序组织是指多个颜色摆放在一起，应该满足有主有次的原则；合理布局就是要根据色调统一与变化原则、空间功能需求等合理安排色块的位置、大小。

1、同类色：由同一色相、不同明度的颜色组合而成，具有统一色调的环境空间。

2、邻近色：由具有相同色素不同色相的颜色组合而成，具有统一色调的环境空间。

3、对比色：在环境空间中通常作为强调视觉中心的设计手法，不构成环境空间主色调。

图 80 室内空间色彩分析

图 81 室外景观空间色彩分析

二、手绘色彩设计分析

1、选择在画面中面大的颜色，分析它们之间的关系，其属于同类色，还是邻近色。

2、根据环境空间中的主体物设计其颜色属性、与周边颜色间的关系。

3、根据环境空间及其物象的形状，归纳其色块形状。

第二节 手绘设计色彩表现

环境艺术手绘设计色彩表现运用线描与马克笔、彩铅相结合的方法，已经被广大设计师所接受，并贯穿于设计工作的始终。马克笔表现环境艺术空间色彩需要很强的概括能力，彩铅能丰富画面层次和精细刻画物体。手绘设计表现不同于纯绘画艺术，更多是对环境空间色彩的概括与提炼性表现，其图面效果是简洁明快。更多表现对象的固有色，较少考虑环境色的影响。

一、室内家具色彩表现

室内家具的色彩是环境空间色彩的重要组成部分，它时而与墙面、天地界面的色彩相呼应，共同营造空间的色调氛围；时而与地面、天地界面色彩呈对比关系，形成视觉中心。家具具有很强的体积感和质感，设计师要充分发挥色彩作用塑造家具形体。

1、家具色彩表现步骤

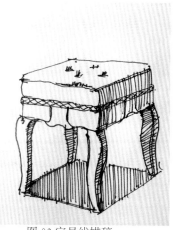

图 82 家具线描稿

图 83 用灰色画出家具明暗关系

图 84 画出家具固有色关系

图 85 调整画面色彩关系

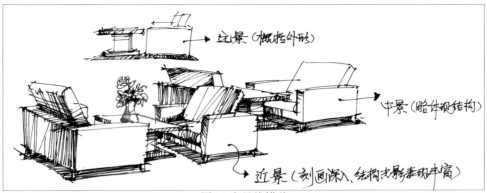

图 86 家具线描稿

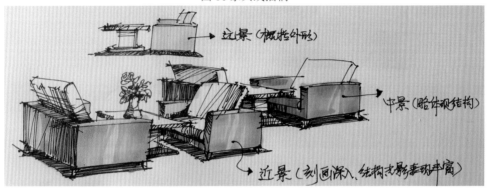

图 87 用灰色画出家具明暗关系

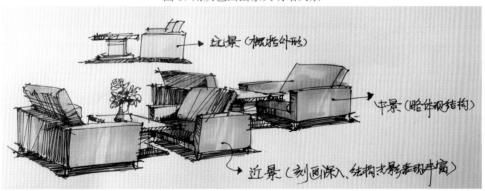

图 88 画出家具固有色关系

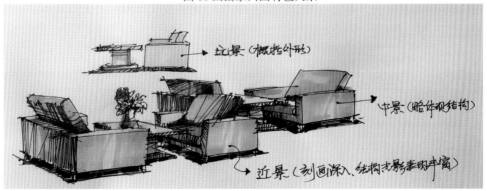

图 89 调整画面色彩关系

2、家具色彩表现图例

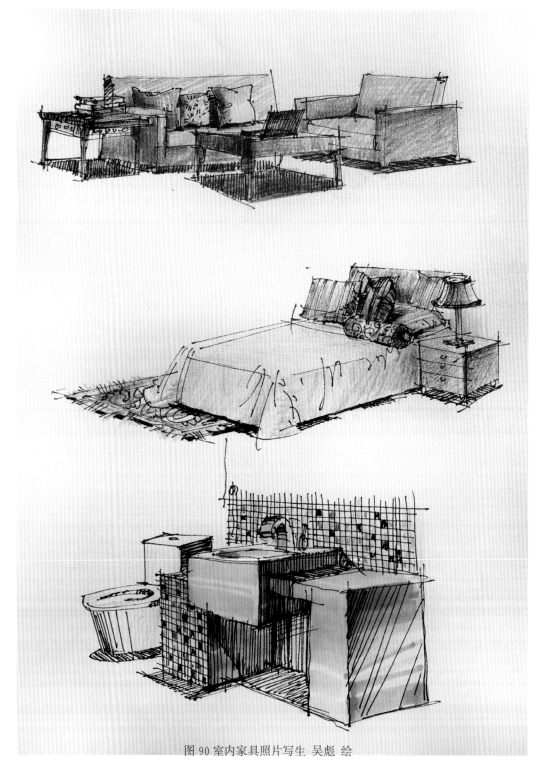

图 90 室内家具照片写生 吴彪 绘

图 91 室内家具照片写生 吴彪 绘

二、室内陈设饰品色彩表现

陈设饰品是室内空间艺术的重要构成部分。陈设饰品质地丰富，有光滑、坚挺、柔软等不同质感，给色彩表现用笔、用色带来许多启迪。陈设饰品组织布局要分清主次重点、节奏与韵律，更要遵循统一变化原则，突出表现出风格样式。

图 92 室内陈设饰品照片写生 吴彪 绘

图 93 室内陈设饰品照片写生 吴彪 绘

三、室内空间设计色彩表现

室内空间色彩由墙面、天棚、地面、家具和陈设饰品等颜色组合而成，同时还要受到光照颜色的影响。运用马克笔表现室内空间色彩重在抓住其色彩的对比度，切忌孤立表现个体颜色。

室内空间色彩表现步骤

图 94 步骤之一，完善线描稿，调整好黑白灰关系

图 95 步骤之二，根据家具陈设和空间固有色，铺设总体色彩，需根据光影变化留白

图95 步骤之三，根据家具陈设和空间明暗关系，刻画物体色彩，笔触变化整体

图96 步骤之四，调整家具陈设和空间明暗关系，丰富物体色彩，突出主次关系，完成画面

图 97 室内空间照片写生 漆萍梅 绘

图 98 室内空间照片写生 漆萍梅 绘

四、植物色彩表现

植物种类繁多，色彩缤纷多样。植物因在空间中的远近层次不同，表现的形式和方法也不一样，近处色彩饱和度高、笔触细腻；远处色彩饱和度降低、用笔整体。马克笔表现植物色彩讲究简练、概括、笔触变化。

图 99 步骤之一，调整完善线描稿

图 100 步骤之二，铺设固有色，单色画出大致明暗关系

图 101 步骤之三，画出明暗冷暖色彩变化，突出主体和视觉引导

图 102 步骤之四，调整明暗冷暖色彩变化和视觉引导方向，完善画面美感

五、室外景观设计色彩表现

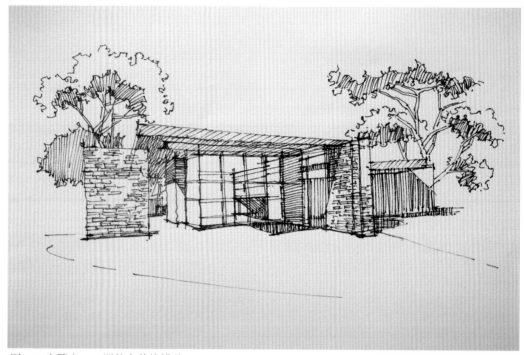

图 103 步骤之一，调整完善线描稿

图 104 步骤之二，铺设固有色，单色画出大致明暗关系

图 105 步骤之三，画出明暗冷暖色彩变化，突出主体和视觉引导

图 106 步骤之四，调整明暗冷暖色彩变化和视觉引导方向，完善画面美感

图 107 景观空间照片写生 扰嵩 绘

图 108 室内空间照片写生 漆洋梅 绘

103

第三单元 手绘设计与表现应用

手绘表现技法是为环境艺术设计服务，是设计师开展项目设计的主要方法。手绘表现技法运用于项目设计实践中，才能不断成熟和运用自如。环境艺术项目设计从一开始的资料收集到施工都需要手绘表现的参与，但许多设计师至今没有将手绘这一快捷辅助设计思维的工作方法运用到设计的各环节，因此，本单元主要以项目案例阐述手绘表现在设计过程中的应用技巧，发挥抛砖引玉的作用，帮助设计师提升设计素质和能力。

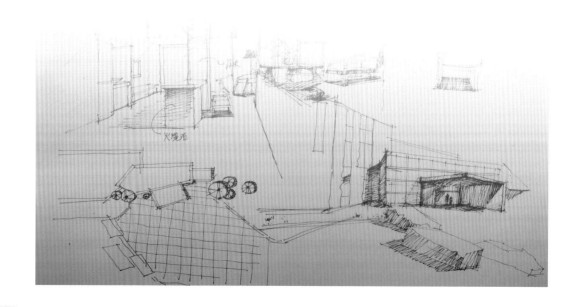

第一章 环境艺术设计过程与手绘表现

手绘设计是设计过程而不是设计终结的表现。图解思维的方式即把设计过程中的有机的、偶发的灵感及对设计条件的"协调"过程，将设计思考和思维意象通过可视的图形记录下来。因此，图解思维方式也叫图形分析，其根本点是形象化的思想和分析。设计者把大脑中的思维活动延伸到外部来，通过图形使之外向化、具体化。在思维过程中需要"脑—眼—手—图形"四位一体。

第一节 环境艺术设计工作程序

环境艺术设计是一项复杂且创新性极强的工作，环境艺术设计主要工作环节分为：项目信息收集与处理、设计构思、方案深化、施工沟通指导等，每个环节工作实际上都可引入手绘表现的参与。

一、信息收集处理与手绘表现

信息是所有环境艺术项目设计的基础，是设计创意的灵感源泉。"艺术源于生活"，环境艺术设计的第一步就是要从工程项目的自然环境中获取大量信息。

环境艺术设计相关联的信息包含两大部分：文字和图像，获取这类信息的主要方式是通过现场摄影和手绘记录。摄影收集图像信息的最大缺点是无法将对象进行有效取舍，这一点也就是手绘的最大优势，并作用延伸到对信息的分析阶段。这两种方式经常被设计师交互使用。

信息处理也叫信息分析，即设计师对收集到的信息根据设计要求进行筛选、归纳、联想等，得到符合设计需要的或新的设计信息，为设计构思环节打下基础。

手绘表现在信息收集和处理时，主要采用艺术速写、图形创意的形式。信息收集途径可以是：现场考察写生、网络图片速写等。

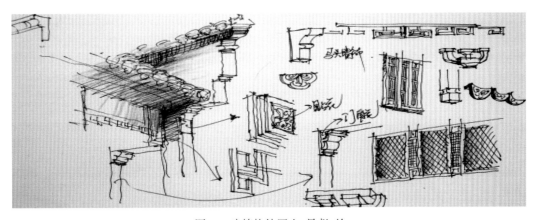

图 109 建筑构件写生 吴彪 绘

二、设计构思与手绘表现

设计构思是一项具有明确目标的设计思维过程，是对信息进行提炼加工转化为图形语言的过程，设计构思图形在整个过程中由模糊逐步走向清晰。手绘草图于是在其过程中发挥着巨大作用，把点点滴滴的设计灵感记录下来，启迪下一个灵感的出现。

在此设计工作环节，手绘表现设计构思的主要方式是手绘草图。手绘草图包括空间图像创意分析图、概念设计草图、空间设计意向图等等。

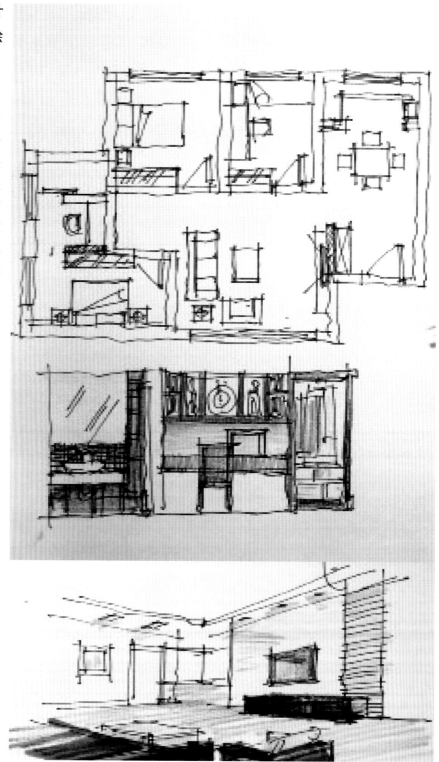

图110 室内空间设计构思 吴彪 绘

三、深化方案与手绘表现

设计方案深化是在前期概念设计基础上的进一步完善，包括对设计元素的提炼后的重组，设计预想效果的视觉化展示（效果图）。

此时，手绘表现图更加注重空间尺度与比例的准确性，尽可能体现环境空间的艺术氛围和美感。

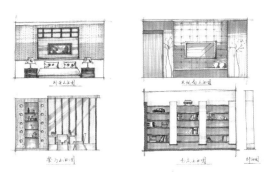

图111 室内空间设计方案深化 叶佳美 绘

107

四、施工
与手绘表现

环境艺术项目施工是将设计付诸于实施的过程，是设计师与工程建设者相互交流，完美建造环境空间的过程，他们之间的交流有其独特的语言方式——图形语言。设计师面对施工工人往往会用到平面图与三维图，这就要求设计师自己必须拥有娴熟的图形表现手绘技巧和工程技术知识（如：结构力学、材料学等）。

在项目工程施工阶段，设计师运用手绘表现的方式主要是结构分析图（空间结构图、局部大样结构分析图等）。

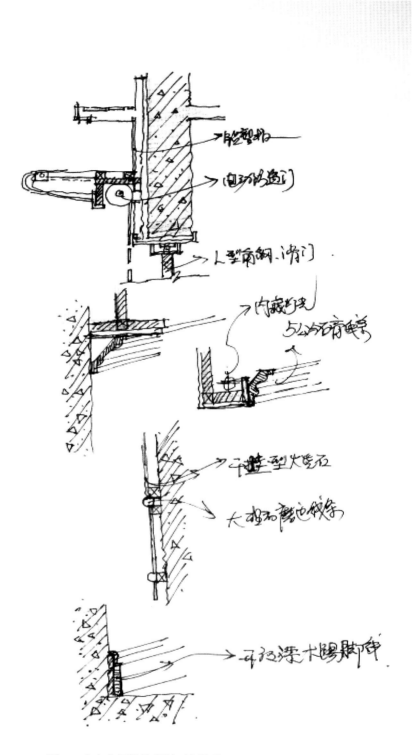

图 112 室内空间结构草图　吴彪　绘

第二节 环境艺术手绘设计表现要素

一、构思草图

构思草图是对设计对象的效果进行预想的意向图，具有模糊性、启迪性、随意性，不追求具体准确。

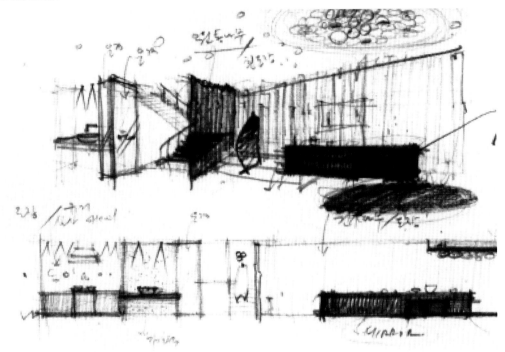

图 113 室内空间构思草图

二、方案平面图

1、平面特点

平面图是将视点定位在室内空间的上方，垂直向下俯视的图像。是设计师与用图者之间进行沟通的重要手段。

2、室内平面图表现技法

设计方案的平面在表现图中占有重要的地位，一般情况下都是被当做重点充分表现的。其表现技巧：

（1）定出房间的划分。

开间、进深或者柱网排列的轴线，用极轻极细的导线来完成，标注尺寸。墙的厚薄要注意，适合画面比例就行，不要过厚或者成为单线。墙线的粗细表现跟CAD绘制图中线性区别是一样的道理。

（2）表现出室内家具陈设及地面肌理。

家具陈设用单细线表示即可，根据房间特点选择具有代表性的家具陈设进行详细表现。各种地面的处理，即材料的表现。例如：马赛克应该小而密，而大理石或者预置水磨石可以大一些。地面分格线不需要太张扬，注意不要喧宾夺主。

图 114 室内空间平面图　叶佳美　绘

3、室外平面图表现技法

室外平面图是景观设计的基础，也是最主要的部分。平面植物的表现方式也是多种多样的。注意主要光影关系，以及树种特征。当总体平面图比较复杂时，上颜色要适度简化，一般是地面铺砖一个色系，植物一个色系，水景一个色系，主体建筑一般空白或者涂黑即可。

图 115 景观平面图

三、方案立面图、剖面详图

立面图能较为详细地展现设计的平面效果，并可以准确地反映出物体的高度和比例关系。新的技法通过手绘与电脑图像处理，能有效地将各个空间的功能关系有重点地表现出来。

立面表现图的效果取决于以下几个方面的表现：

1、凸凹层次。

2、光影。

3、虚实关系。

4、材料色彩与质感。

室内外空间设计图中，立面和剖面的表现也是很重要的。在立剖面的表现中，主要是尺度比例，注意设计的表达，树种的搭配。上色要注意整体统一，达到良好的效果。

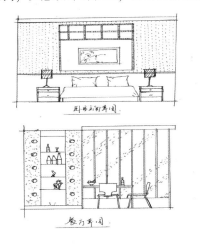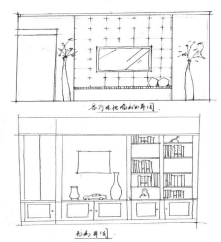

图 116 室内立面图 叶佳美 绘

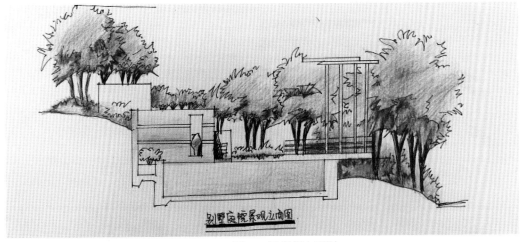

图 117 景观剖立面图

四、透视效果图

透视效果图是设计预想效果展示图，对尺度比例要求相对准确，画面完整，有一定艺术美感。

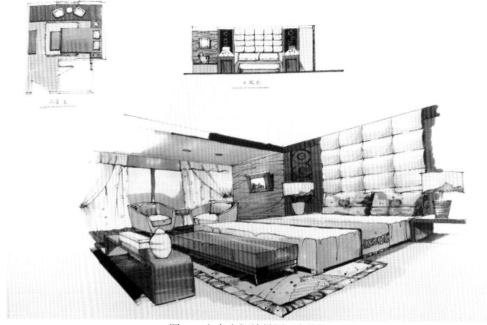

图 118 室内空间效果图　漆萍梅 绘

图 119 室内空间效果图　黄娅婷 绘

第二章 手绘设计与表现项目实战案例

手绘设计与表现项目实战是手绘技法的综合运用，是手绘表现技法的高级阶段。通过以下案例的抛砖引玉，启迪设计师们运用手绘开展设计工作全过程。

案例之一：三居室室内空间设计

一、项目信息收集与处理阶段

1.客户资料：
客户为年轻都市白领夫妇，男士：性格：开朗，乐观，崇尚自由；爱好：运动，看书，交友。职业：白领。 女士：活泼，开朗；爱好：购物，看书，看电影。职业：白领

2.设计说明：
这是一套两室一厅一书房的户型。整体的设计风格简单明快，属于简约大方型设计。这种设计的好处是用时少经济实用，美观大方，温馨典雅。

该户型客厅地板采用米白人造大理石，既大气又容易清洗。最大的优点是，人造大理石价格便宜，对于现在供房供车的现代白领是最好的选择，而且大理石地面会在视觉上夸大客厅面积，使本来不大的空间得到延伸和扩展。选择米白色布艺沙发，与米白色的地板相呼应。浅色系是年轻人的最爱，能彰显气质和视觉美感。给人眼前一亮的感觉。主卧地板采用实木木地板。冬暖夏凉，也有隔音性能。厨房采用L型整体橱柜，方便又节省空间。在另一面墙摆放放冰箱和一些日常用品。卫生间地板及墙面采用蓝白相间马赛克。书房可以摆设电脑桌，书柜等工作学习用具，可以多设一张单人床，供客人使用。

此套户型虽小却很全面，适合现在年轻夫妻购买。装修设计简单实用，美观大方，典雅温馨，经济舒适。是都市年轻白领的最佳选择。

二、设计构思阶段

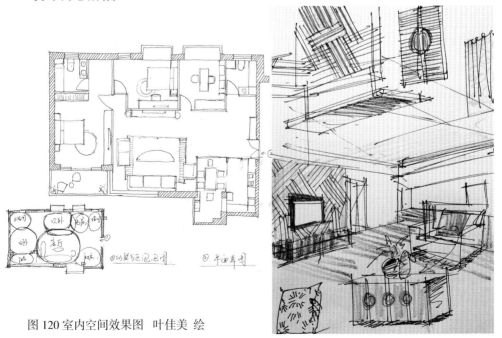

图120 室内空间效果图 叶佳美 绘

三、方案深化设计阶段

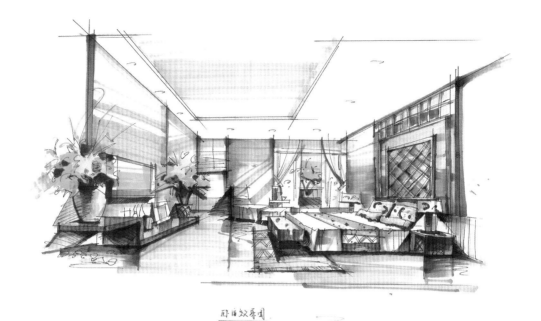

图 121 室内空间效果图　叶佳美　绘

图 122 室内空间效果图　叶佳美　绘

案例之二：景观空间设计

一、信息收集与处理阶段

重庆永川豆豉食品有限公司新厂址位于重庆市永川区大安镇凤凰湖工业园区，地理位置优越，交通便捷。该企业是永川最大最有实力的豆豉企业，年产量达到1500吨以上，工艺传成历史有300多年。其生产技艺堪称毛霉豆豉之首，被列入国家非物质文化遗产。

该项目总用地面积为21263平方米，建筑占地面积为8632.61平方米。含包装车间、办公楼、传统豆豉生产车间、速酵豆豉生产车间、豆豉博物馆、配电房等其他附属设施用房。景观绿化面积12400平方米。

二、设计构思阶段

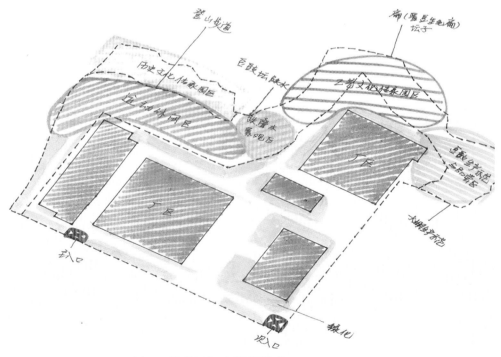

图 123 景观方案　刘思靓等　绘

三、方案深化阶段

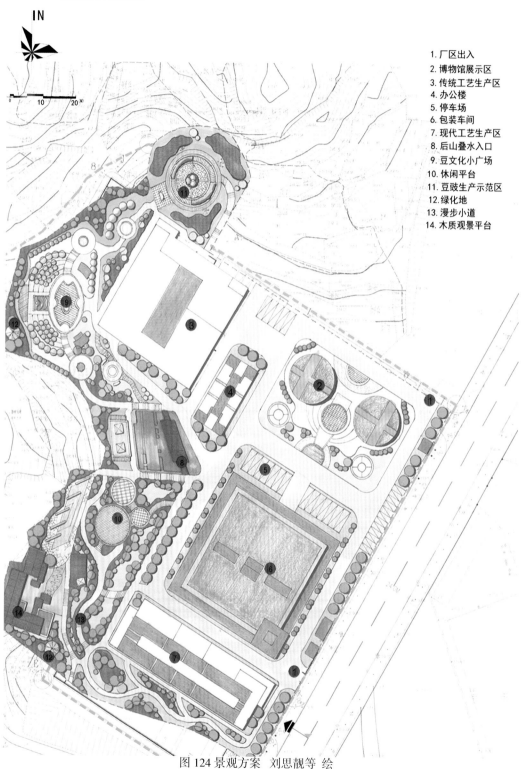

IN

1. 厂区出入
2. 博物馆展示区
3. 传统工艺生产区
4. 办公楼
5. 停车场
6. 包装车间
7. 现代工艺生产区
8. 后山叠水入口
9. 豆文化小广场
10. 休闲平台
11. 豆豉生产示范区
12. 绿化地
13. 漫步小道
14. 木质观景平台

图 124 景观方案 刘思靓等 绘

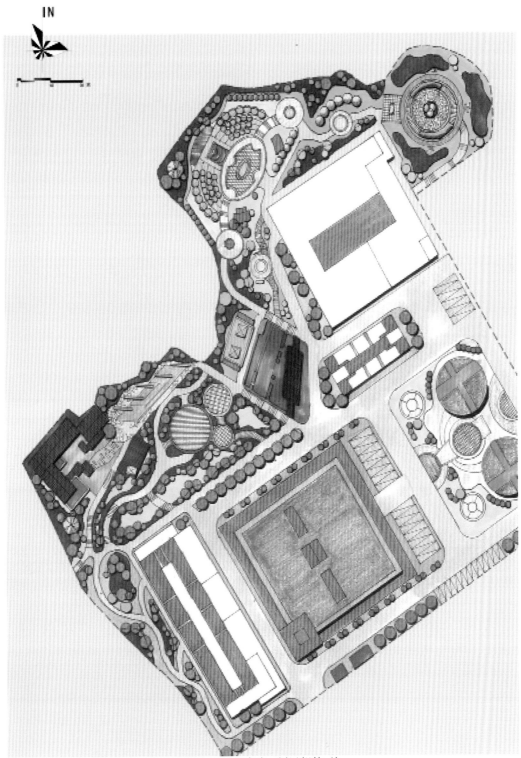

图 125 景观方案 刘思靓等 绘

图 126 景观方案　刘思靓等　绘

四、施工沟通指导阶段

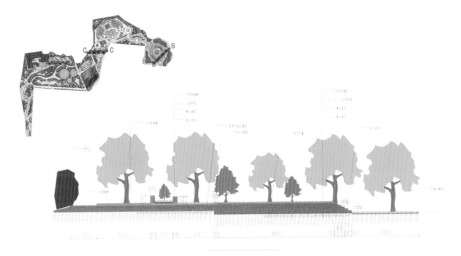

A-A 剖立面图

C-C 剖立面图

B-B 剖立面图

图 127 景观方案 刘思靓等 绘

参考文献

[1] 杨健，邓蒲兵.室内空间块体设计与表现.沈阳：辽宁科学技术出版社，2011.

[2] 王彦栋.从创作速写到方案设计.北京：机械工业出版社，2011.

[3] 谢尘.家居空间手绘设计创意详解.武汉：湖北美术出版社，2009.

[4] 夏克梁.夏克梁钢笔建筑写生与解析.南京：东南大学出版社，2009.

[5] 夏克梁.建筑钢笔画：夏克梁建筑写生体验室.沈阳：辽宁美术出版社，2008.

[6] 杭程.景观设计的快速推演.北京：中国电力出版社，2009.

[7] （美）菲蒙，（美）维干著，张晓飞编译.设计原点.上海：上海美术出版社，2012.